让学生聪明的心理方法

RANGXUESHENG CONGMING DE XINLI FANGFA

林珍 编著

中国出版集团
现代出版社

图书在版编目（CIP）数据

让学生聪明的心理方法／林珍编著．— 北京：现代出版社，2011.9（2025年1月重印）

ISBN 978 – 7 – 5143 – 0275 – 2

Ⅰ．①让… Ⅱ．①林… Ⅲ．①心理学 – 青年读物②心理学 – 少年读物 Ⅳ．①B84 – 49

中国版本图书馆 CIP 数据核字（2011）第 146930 号

让学生聪明的心理方法

编　著	林　珍	
责任编辑	袁　涛	
出版发行	现代出版社	
地　址	北京市安定门外安华里 504 号	
邮政编码	100011	
电　话	010 – 64267325　010 – 64245264（兼传真）	
网　址	www.1980xd.com	
电子信箱	xiandai@ vip. sina. com	
印　刷	三河市人民印务有限公司	
开　本	710mm × 1000mm　1/16	
印　张	13	
版　次	2011 年 9 月第 1 版　2025 年 1 月第 9 次印刷	
书　号	ISBN 978 – 7 – 5143 – 0275 – 2	
定　价	49.80 元	

前 言
FOREWORD

　　心理战术是一种抓住对方心理，通过影响对方的潜意识，改变其意识和认知，以达到自己目的的心理征服战术。心理战术在我们的生活中随处可见，甚至每时每刻都在上演。在学习、交友、生活等场合中，如何从心理层面上去影响、驱驾、改变对方，减少失败的几率，达到自己的目标，已经成为了人们普遍关心的问题。

　　生活与工作是由人的心理和行为支撑的，有人的地方就有竞争，有竞争的地方就离不开心理战术。简而言之，心理战就是一种战术，一种策略，一种通过心理斟酌、衡量、比较、分析，进而对不同问题的处理所作出的最合理的决断。

　　使用心理战术，贵在对事物性质有正确的认识以及了解他人的心理变化与动向。如此，能让你的决策方向不致有所偏颇，并能摆脱无所适从的困惑。由此，纵然在风云突变之际，也能从容地让心灵栖息在安全的港湾。

　　心理战的内容纵横深广，它包括军事、商场、职场、家庭生活等方方面面。其实质意义就是丰富我们的人生经验，即通过心灵的碰撞、深思，对出现的种种棘手难解问题，找到不朽的思想法则与制胜之道。

　　本书将把你带进一个由心理战术主宰的王国。在这个王国里，有教你如何在当今社会运用心理战术武装自己、怎样将人看穿、怎样驾驭人心、怎样与他人相处、怎样获得幸福等智慧锦囊。本书是你生活中最实用的宝典，阅读它，你可以在潜移默化中学会人类史上最聪明、最强大的心理战术，不露痕迹地掌握化敌为友、结交伙伴、激活智慧潜能、提升自我生存发展空间的方法，使你的人生变得更加精彩，成为终极大赢家。

本书通俗易懂，贴近生活，从古代和现实中常见的案例出发，解析生活中经常出现的各种心理战术现象。相信通过本书的阅读，必将为你在人生的旅程中跨越障碍、从容进取，提供重要的指导或十分有益的启迪。

Contents 目 录

让学生聪明的心理方法

攻心篇

先予后取

【心理战术】

"将欲取之，必先予之"是一种人们经常使用的心理战术。要想顾客欣赏你的产品，就要先给顾客一点甜头来吸引顾客。像免费品尝，免费试用，礼券赠送等方式，都属于先予后取，"收买人心"的心理战术。

【经典案例】

▲ 爱克发的胜算

"凡购买爱克发彩色胶卷 1 卷，可以整卷免费冲扩。"这听上去简直有些像天方夜谭，但确确实实是真的。地处上海延安中路的"新申光"照相馆前排起了上千人的长队，都是来免费冲扩爱克发彩卷的。

当时，爱克发此举是被"逼"出来的。在上海早已饱和的彩色胶卷市场上，各厂家为了争夺消费者，商战激烈。柯达胶卷因其鲜艳的色彩和铺天盖地的广告，销量颇高；富士胶卷则凭借符合中国人口味的色彩和稳定的质量居各类胶卷销量之首；花巨资引进国外技术生产的国产胶卷价格便宜，每卷比进口胶卷要便宜 4～10 元，但是质量不够稳定。总之在众多胶卷中，爱克发胶卷属于"比上不足，比下有余"，在上海市场一直打不开销路。为了扩大影响，占领市场，爱克发咬牙出此"壮举"。

许多买了爱克发胶卷后得到免费冲扩的消费者反映：这是第一次用爱克发胶卷，没想到质量挺不错的，又有免费冲扩，值！

在上海不少胶卷商店中，营业员反映自从爱克发打出免费冲扩的招牌后，销售量直线上升，有的店以前一天只卖出 10 来卷，如今一天卖出 400 多卷。

爱克发提出了 3 点保障：一是胶卷价格不会上涨；二是免费冲扩保证质量；三是免费冲扩的优惠不会在短期内取消。

▲免费招待有影响的人物

奥运会是体育的竞技，也是一场白热化的商业竞争。在各赛场、奥运村、记者村乃至新闻中心，出资 3000 万美元当上奥运会指定产品赞助商的可口可乐公司推出了散装的、瓶装的、罐装的各种饮料，可乐、雪碧、芬达……品种齐全，任人取用。大概由于可口可乐公司近年来在亚洲市场取得了可喜的销售业绩，他们这次还特意请大陆及港澳台地区的记者出席专场冷餐会，借以扩大公司的影响力。

激烈的商战甚至打到了海面上，施乐公司、菲利浦公司等大商家租用豪华游艇，在巴塞罗那的港口办起"海上旅馆"，在地中海海滨一字排开，达 15 艘之多。他们在这里招待奥运官员，接待各国游客，举行公关活动，商业气氛十分浓烈，连萨马兰奇也曾来这里做客。

新闻记者也成了商战对手们极力"争夺"的对象。在新闻中心，美国玛氏巧克力公司的公关小姐每天笑眯眯地向过往记者赠送巧克力；柯达公司向摄影记者无偿提供了 11 万个胶卷，并免费冲扩；尼康公司免费向记者提供相机、镜头，只需办个手续即可……

掷千金以博一"笑"，这就是奥运商战。

▲汉斯赠送小纪念品

汉斯是一家美国罐头食品公司的经理。1957 年，美国芝加哥市举办了一个全国博览会。为了推销产品，扩大知名度，汉斯也向展厅申请了一个位置。由于参展的大多数商品名气太大，博览会的负责人把汉斯的展品安排在展厅一个最偏僻的小阁楼里。

博览会开始以后，参观的人络绎不绝。然而，光顾汉斯台前的人却十分少。汉斯为此苦恼了一天。第二天他想出了一个主意。

在博览会开始的第三天，会场的地面上出现了许多小铜牌，小铜牌的背面刻着一行字："谁拾到这块小铜牌，都可以去展厅的阁楼上——汉斯食品公司陈列处，换取一件纪念品。"这些小铜牌都是汉斯连夜定做并派人抛下的。

不久，本来无人光顾的小阁楼便水泄不通了。市内到处传诵着"汉斯小铜牌"，记者也作了报道。汉斯产品名声大振，到闭幕时，汉斯赚了55万美元。

▲赠送产品搭便车

日本松下电器公司董事长松下幸之助早年曾在大阪电灯公司工作。他对电灯泡着了迷，为了实现其改进电灯灯头的构想，不惜倾资从事改良的工作，并组成了松下电器公司。不巧公司成立之初，恰遇经济危机，市场疲软，销售困难。怎样才能使公司摆脱困境，转危为安？松下幸之助权衡再三，决定一不做，二不休，拿出 1 万个电灯泡作为宣传之用，借以打开销路。

灯泡必须备有电源方能起作用。为此，松下亲自拜访冈田干电池公司的董事长，希望双方合作进行产品的宣传，并免费赠送 1 万节干电池。一向豪迈爽直的冈田听了此言，也不禁大吃一惊，因为这显然是一种很不合常理的冒险。但松下诚挚、果敢的态度实在感人，冈田终于答应了他的请求。

松下公司的电灯泡搭配上冈田公司的干电池，发挥了最佳的宣传作用。很快，电灯泡的销路直线上升，干电池也搭上了电灯泡的热销便车，订单也雪片般飞来。初创伊始的松下电器公司非但没有倒闭，反而从此声名大噪，业务兴隆。

▲日本从援外中得到更多利益

就在为经济衰退所困扰的美国人争论美国应拿出多少税款来援助外国的时候，几乎没有人知道，日本已成为世界上提供外援最多的国家之一。

美国的援助计划中绝大部分是军援或人道主义援助。日本却不同。日本人在提供援助的时候考虑的是要建立一种体制，这种体制能使提供援助的人在亚洲获得经济上的优势地位，使日本的社会活动家从中得到好处并能给日本的贸易公司提供巨大的有利可图的项目。日本把它的直接援助用于修路、架桥、修筑水坝、修建发电站和高技术园区。1993 年，日本的直接援外款达130亿美元。

在亚洲，日本的援助源源不断地流向泰国、印度尼西亚、马来西亚和菲律宾。亚洲从日本得到的援助占日本援外总额的64%。

日本的援助计划仍然是一个封闭的循环系统，其目的是把大部分援外费用收回。一位泰国经济学家说："假如日本援助泰国100美元，最终有95美元要流回日本。"

援助项目通常是在受援国政府提出请求后才立项的，但在此以前，这些项目都得到日本咨询公司和贸易公司悄悄地推动和指导。

要想取之，先要予之；要想获得，先要付出。

 需求心理

【心理战术】

抓住了消费者的需求心理，就抓住了市场。"市场需要什么，我就生产什么"，如今已成为不少企业家的口头禅。有的厂家跟着市场转，确实也"转"得了一些利润。但是，一味跟着市场转，好景不会长久。因为一旦遇到市场疲软，产品就有可能滞销积压。所以，高明的企业家还必须善于预测市场的未来需求，敢于"牵着市场走"。

"跟"与"牵"，虽然只有一字之差，但效果截然不同。"跟"毕竟还停留在传统的适应性阶段，而"牵"则实现了质的飞跃，它富有战略预见性和长远性。被动地"跟"，只能获取暂时的利益，最终仍逃脱不了"挨打"的命运。唯有主动地"牵"，企业才能在激烈的竞争中赢得市场，保持长盛不衰。因此，打破固有的思维定势，发现潜在需求，培养超前的市场意识，开发生产出能够牵着市场走的高科技产品，对于所有的企业家来说，都是非常重要的。

要牵着市场走，首先要在市场需求结构上及时准确地进行预测，在潜在需求和零需求上大做文章，即根据人们的消费心理趋向，通过引导和诱发等手段，创立消费新潮流，建立新的消费市场。

运用这一谋略的关键在于研究、掌握人们生活方式变革的内在规律，

从需要与可能性上及时准确地预测其发展方向。

【经典案例】

▲抓住消费者的"身价心理"

上海市南京西路飞跃鞋店经理一直在研究人们对皮鞋的消费心理。他发现人们对鞋子有两种心理：一种是"身价"心理，要求鞋子体现本人身价，要求优质、名牌、货真价实。但这类鞋子价格贵，销量不大；二是"翻新"心理，要求式样新、轻便、不要太贵，可以经常买，不断翻新。他认为，这第二种心理，可以引导。他先后到广东、福建等接受港澳台流行信息较多的10多家鞋厂考察，这些厂家基本都采用PU革原料，很像羊皮，质地软，价格低。

1986年9月，"飞跃"举办了首届"港澳闽流行皮鞋大汇集"活动。这个提法是经理创新的，目的是区别于其他展销，为消费新潮流导向。由于商品是上海市场不多见的最新款式，每双鞋又仅在10元左右，所以一炮打响，每天销3000双，相当于过去1个月的销量。这一举动，又带动了南方地区鞋厂转向。

1个月后，"飞跃"举办了第二届大汇集，1987年又举办了第三届、第四届，同样收到了良好的效果，经济效益居同类公司首位。之后，不少鞋帽商店也纷纷举办各种南方流行产品展销，一种以南方款式为主体，新、轻、廉的鞋子消费潮流在上海市场形成。

▲挖掘潜在需求，开发新产品

人类往往重视温度而忽略湿度。

人们将第一生存目标定为"温饱"。与温度打交道的办法也多，冷了抗寒，热了防暑。气象万千的各类服饰，大抵随季节变化，就连经济用语也有"升温"、"降温"之说，而不见说"加湿"、"去湿"。

其实湿度对人类生存影响很大。20世纪70年代初，日本人发现，45%～55%的相对湿度环境益于健康。在这种环境中，空气中浮游病菌的平均寿命最短，而人体的抗病能力却最强。湿度又岂止仅仅对人的健康有影响，80年代中期，亚洲最大的某亚麻厂发生大爆炸，原因竟是湿度不够而产生了大量的静电；北京集成电路设计中心计算机房引进德国西门子设备，德方告诫说，机房若不能保持 60％ 的恒湿，软件就会出毛病；中国人民银行印制钞票需多色套印，而湿度变化对纸张的伸缩会产生影响……

生活在我国北方的人们，从秋到冬，从冬到春，不得不每年与长达七八个月的干燥季节相伴。在这漫长的七八个月中，呼吸系统水分大量散失，削弱了滤尘、灭菌的作用。流感、白喉、支气管炎、哮喘病菌像空气一样无孔不入，困扰着人们。

生活在大西北的人们，则长年累月地与干燥为伍。戈壁硬风，高原烈日，夺走了多少人娇嫩的肌肤。

随着中国人生活水平的日益提高，人们已不满足于穿好、吃好、玩好，目光自然而然地落回到与人类生存息息相关的居住环境上。

1990 年北京一冬无雪，气候干燥，湿度也就在 10％ 左右，难怪那么多人患感冒。此时北京人多么希望有一种力量来改变一下大自然，给人们点湿润。

改变大自然难以想象，可能否改变一下室内的小气候？这使人们想到电风扇、冰箱、空调机不是已成功地将凉爽带进炎热之夏吗，那么为何不能把湿润带进干燥之冬呢？这想法其实就预示着一种消费需求，预示着一种新产品、俏货的问世。

其实，早在 6 年前，何鲁敏便看准了这个商机。

1984 年，何鲁敏去日本进修，在日本市场众多的家用电器中，他发现了一种国内不曾见到过的东西——超声波加湿器。宾馆、商店、办公室、家庭中，到处可见这种喷雾式的东西，在气候湿润，四面环海的岛国日本，这种小家电的年销量竟达百万台，而全世界每年的市场容量多达 4000 万台。

何鲁敏相中了这种东西。回国翌年，何鲁敏辞掉了公职，与几位志同道合的科技人员一起四处筹资到 5 万元，在一间破仓库里创办了民办科技企业亚都建筑设备制品研究所，现亚都人工环境科技公司的前身。

然而中国的消费者对接受新东西是比较保守的。亚都首批推出的超声波加湿器在市场受到冷遇。当时恰逢市场一片"燥热"，人们抢购彩电、冰箱、洗衣机、电风扇，就是残次品也有人抱走，可就是没有人肯为加湿器花钱。当年，亚都亏损 10 万元，第二年又贴进去 10 万元。

不认识并不等于不需要，亚都人坚信"干渴的人总是要喝水的"。当时何鲁敏可能想了很多，想什么，没有人完全知道，但做出的决定却是谁都能看得分明，他迎着风险，继续干。

何鲁敏对加湿器充满信心，最重要的原因是他清楚加湿器对中国人的作用。它的最大作用，是增加并自动调节室内湿度。它是利用超声振动原理使水雾化，产生瀑布效应，同时在加湿时伴生一定数量的天然负氧离子。这些空气负离子可以用于治疗或缓解某些疾病，如流感、高血压、气管炎、风湿性关节炎、肺结核、神经性皮炎等，对神经系统、心血管系统和人体的新陈代谢都有良好的保健作用。此外，加湿器还可用于养颜护肤、消除静电、改善生活和工作条件。

然而，继续干需要大量资金，但没有一家单位肯投资，敢担保。何鲁敏果敢地决定以投资入股的方式实行风险抵押，同事们有钱出钱，有物出物，40来人一共集资50万元。靠着这50万元和必胜的信念，亚都打开了市场，打出了天下。

1989年10月，在北京发生了一件有趣的事：某计算机中心购置了几台亚都生产的超声波加湿器后，货款一直拖欠未付，亚都决定将设备收回。这下子可吓坏了该单位的技术人员，他们纷纷向主管部门诉说：加湿器绝不能撤，一撤掉电脑软件就出现计算错误。单位领导无奈，当天就克服困难付了货款。

我国北纬40～45度地区是毛纺产品出口基地。毛纺厂的关键环节是梳理车间。由于我国过去不能生产加湿器，内蒙古一毛纺厂梳理车间每台班要用几十名工人用镊子从羊绒中把掺杂的羊毛夹出来。这样不仅产品质量难以保证，而且效率不高，每台班出绒仅17千克。自从用上4台亚都大型工业加湿器后，掺毛率一次达到出口标准，解除了工人的手工劳动，单班出绒达到23千克。厂长高兴地说："两个台班我们就收回了加湿器的投资，现在每天多赚2万元！"

3年后，市场出现了亚都加湿器的销售热。西单商场除在地下营业厅的小家电组销售亚都加湿器外，还专门在一楼开设了亚都加湿器专柜。

东安市场家电部小家电组月营业额指标为40万元，而1991年11月份亚都加湿器在该组的销售额就高达 45 万元，令家电部经理为之瞠目，连连称赞亚都加湿器是"小家电占领大市场"。

自 1989 年以来，北京乃至全国的家电卖场已经习惯了厂家送货上门、售后适时结款的经营方式。然而，由于亚都加湿器启动了市场，这种现象有所改变，北京市许多大中型商场纷纷派车到公司提货。

伴随亚都加湿器占领商业市场，许多企事业单位的订单接踵而至，一时间，魏公村 118 号院门庭若市，最"火"的时候，日产 1500 台加湿器，两小时即告脱销。

亚都公司在北京 8 个城近郊区均设立了经过审慎布局的代销网点，原计划走出去到 10 个远郊区县做营销工作，但未等他们出去，几乎所有远郊区县的百货商场均上门求购。

1987 年夏，亚都人工环境科技公司总经理何鲁敏开始研制超声波加湿器。1988 年，亚都卖出 1500 台加湿器；1989 年上升到 3500 台；1990 年猛增到 4 万台；进入 1991 年势头更猛，达到 15 万台；1992 年突破 30 万台。这表明，何鲁敏的抉择是正确的。

▲让"夏利"开进千家万户

在一段时间内，有一些汽车销售公司是不那么喜欢销售夏利的，因为销售一辆桑塔纳，可以得到上万元利润，而销售一辆夏利呢，利润至多三四千元。

微型汽车的利润不是很大，这是事实。可天津汽车工业公司和天津市微型汽车厂不能不制造这种微型汽车。他们必须要照顾到购买力相对较低的那部分市场，这包括不同层次的单位的需要以及最后让轿车进入家庭的目标。

1941 年，美国发生过一件轰动一时的事：汽车业的创始人之一亨利·福特一世，一下子就给他的工人 1 天 5 美元的工资。这是当时美国工人平均工资的两倍多。亨利·福特毫不隐瞒自己这样做的动机：让工人们多赚些钱，以便有能力自己买汽车。他认为，要使福特汽车公司真正兴盛起来，不仅要使那些有钱人买汽车，也要使一般的工人也能买汽车。只有大多数工人阶层买得起汽车，才是汽车市场的真正辉煌。

【心理战术】

通过说实话来打动人的心理战术。

真正的好广告，最注重讲事实，首先告诉消费者的是所推销的商品本身，而非那些多如牛毛的"第一"、"最佳"、"金奖"、"部优"之类的"虚荣"。一位国际广告界权威人士说过："广告的主要任务就是对产品的性能、质量和特征作出真实、确切、恰当，而且引人注目的介绍。"

消费者关心的是产品叫什么，有何用，哪里买，价钱多少等。尤其是现在市场上同类商品种类越来越多，且相互近似，选择性非常强，靠说得过什么奖，是满足不了消费者寻求商品信息的需要的。总夸这个顶呱呱，那个最最棒，反倒会给消费者以厌烦感或不信任感。

真正让消费者心悦诚服的，是广告能给予消费者真实的信息和正确的引导。恰如美国广告商大卫·奥格尔维所言："好的广告应当把人们的注意力引向产品。不能让人看后说'多好的广告呀'，而要让他说：'这产品我怎么从前不知道啊！'"

最坏的广告并非设计粗糙、形象不美，而是吹牛撒谎、夸大其词，因而引起人们的厌恶。不少人因曾上当，发誓不再相信广告，以后不再买这类产品。为了保护消费者的利益，各国相继成立"反广告"组织，顾客一被骗就现身说法，在报上公开揭露，其结果是行骗者"画虎不成反类犬"，不仅不能促销，而且身败名裂。

说实话是广告的命根。做广告只要实事求是，不虚夸，再加上构思新颖、形象鲜明，就能起到促销的作用。

【经典案例】

▲虚晃一枪之后

广州一个名叫"金海马"的家具商场，在当地报纸刊出"试业大酬宾"的广告，声称有12种家具将以低于市价一半以上的特价出售。有记者去查探，发现在令人心动的广告词句背后，至少有7种特价家具"芳踪"难寻。

走进广州另一大商场，迎面便可见一大广告牌，上书"凡在本商场服装柜台购物满100元者，有神秘礼物派送"云云。有位朋友买了两件衣服之后，真的到指定地点领取"神秘礼物"。结果商场工作人员似笑非笑地答了一句："礼品已经派送完了。"

眼下常见的那些，诸如"让利大酬宾"、"牺牲大甩卖"之类的促销宣传，到底有多少是真的，谁也说不清。更可虑的是，这股"玩上帝"之风大有愈演愈烈之势。1992年以来，河南、安徽、天津等地都发生过"重奖促销、奖励不实"的事件。北京一家单位搞"幸运大抽奖"活动，其最高奖"日本游"竟只是说说而已。

▲善于利用广告的日本人

日本产品能打入并占领美国市场，除了产品质优价廉和瞄准市场的时机外，开展大规模的广告攻势也起了相当大的作用。如在1969年，美国汽车公司花了1200万美元推销出27万辆汽车，而丰田花1750万美元宣传仅销售出13万辆汽车，日产则为销售8.7万辆汽车用了1000万美元，日本人在每辆车上花的广告费显然大大超过了竞争者美国。

日本人的广告不吹牛，不虚夸，按照产品的质量如实介绍，许诺的服务也说到做到，使买车的美国人感到放心。广告都经过深思熟虑、精心设计，以迎合美国人的爱好，取悦于美国人。如日产公司就曾发动了一场称为"具有美国精神的进口汽车"的宣传战，由博格—沃纳公司编导，大力鼓吹交通工具在美国多么重要，其中提到某些日本公司汽车的型号，以引起美国人购买日本汽车的兴趣。

日本人做广告时还针对美国人对某些产品存在的偏见进行宣传。在20世纪50年代后期，在美国流行的体形庞大、耗能高的摩托车，是为值勤和送货用的，它庞大的体形使美国人感到其野性难驯。日本本田摩托车公司在美国推销它重量轻、价格便宜的摩托车时，针对美国人上述的看法，发起了一场全国范围的广告运动。广告是这么写的："你在本田（摩托车）上遇到了最友好的人。"并说明摩托车不仅是穿黑皮夹克的壮汉所骑，且非野性难驯，以赢得美国各阶层人士对摩托车和骑手的欢迎。结果摩托车销售的数量由原来的50万辆跃升到近190万辆。

1964 年对本田摩托车买主的一项调查表明，大多数人在购买本田摩托车之前从来没有骑过摩托车，广告改变了摩托车的形象，摩托车为顾客所接受。日本人在美国推销照相机也如此。1976 年，佳能推出了一种操作简便的 35 毫米自动相机，当时该行业的行家认为这种精密照相机仅仅是专业摄影师使用的，为说明这种照相机人人能用，以扩大销路，佳能展开了一场耗资数百万美元的电视广告宣传战，它是以网球明星约翰·纽康贝用新式相机摄影的镜头开始的。这种照相机终于受到了广大顾客的欢迎，它的销售量直线上升，且经久不衰。

▲广告不能弄虚作假

几年前有一家美国造纸厂试图使用广告以提高自己的公众形象，广告的画面是：从工厂流到河中的水，清澈透明，顺流而下。后经记者调查发现，原来镜头是假的，广告中的田舍风光和清水是在工厂排水口的上游。假广告被揭穿后，这家造纸厂顿时名声扫地。

▲埃德塞尔汽车广告失实的教训

广告的魅力建立在产品质优的基础上，如果产品质量差或不合时宜，即使心机费尽、设计再巧也无济于事。福特公司推销埃德塞尔汽车失败，便是这样一个例子。

为了制造出埃德塞尔汽车，福特公司做了广泛的调查，充分的准备，周密的计划，研制耗时达 10 年之久。新产品于 1958 年推出前后，又大张旗鼓地做广告宣传，在此之前，严格地为埃德塞尔汽车保密，包括它的形状，只在《生活》杂志以横贯两页的版面刊登醒目的广告。

该广告画面是一辆轿车在乡间公路上飞速疾驶，由于速度太快，车子看上去竟然有点模糊不清了。文字说明写道："最近，你将会看到有种神奇的轿车在公路上奔驰。"这就增加了这部尚未上市的汽车的神秘色彩，引起人们想一睹为快的愿望。

为了做广告和推销，福特公司不惜血本，仅在周末之夜，在电视上做广告就耗资达 40 万美元之多。开始，确实在社会上引起了轰动。该车于 1957 年 9 月 4 日上市第一天，经销人就多达 1200 名，他们在各地的经销处开业时，顾客像潮水般蜂拥而至，签订的订货单就达 6500 多份。但是，当人们一睹此车的真面目后，大多是"乘兴而来，败兴而返"，真正成交的不多。因为这时消费者的爱好已转向小型汽车，对这种体形庞大的大马力轿车失去了兴趣；再者，它质量不高，如刹车不合格，有漏油现象，甚至经销商有时连车都发动不起来，加上形象并不美观，所以有人称它为"蹩脚货"。尽管其广告费如此之多，宣传如此之巧妙，其结果也只能是"寿终正寝"。

▲让优质产品现身说法

印度机床的质量很好，价格也比国外同类产品便宜约30%～40%，但由于发达国家对印度产品存有偏见，不太愿意进口印度的机床产品。于是，印度机床生产厂商便邀请各国信誉良好的机床经销商和用户来参观，并在欧美一些主要城市建立产品展示厅。

经销商和用户亲眼看见印度机床的质量确实不错，终于改变了看法。印度机床销路打开了，由滞销品变成了"明星产品"，这促进了印度机床工业的迅速发展，现在，印度已成为世界上最大的机床生产国之一。

 利诱引导

【心理战术】

抓住人的消费心理进行利诱和引导的心理战术。

人性有很多易于突破的心理弱点，如虚荣、攀比、从众、冲动、显示欲等。好的广告正是能迎合受众的这些心理弱点，把消费者的心挠得痒兮兮的，不由你不动掏腰包的念头。有人宁可喝酸菜汤度日，也要省钱去买高档名牌货，正说明了这个道理。

【经典案例】

▲进攻"特定对象"

广告不一定看的人越多就越成功。因为，任何一则广告，原本就不是要向所有人发起"进攻"的。以国际著名女影星娜达莎·金斯基为力士香皂做的那则广告为例，外商在制作前曾进行过周密的市场分析，它"进攻"的"特定对象"是：18～40岁的女性或男性、有一定文化程度、在城市生

活、收入较为稳定。假若是为农村老大娘做肥皂广告，人家绝不会礼聘影星，推出现在这个版本的。

▲迎合大众心理

美国的工商业每天都在争取消费者，每天都在研究消费者的心理。他们研究出来的消费者四大嗜好如下：第一是钱，第二是美女，第三是明星，第四是性。如能将美女、明星和性三者集于一身，则最能推销商品，所以性感电影明星成了广告公司跪拜追求的对象。

因为大家喜欢钱，所以美国广告上全是中奖和退钱花样。杂志推销商每隔五六个月就寄封信来，告诉你一订杂志就有可能中百万大奖。为了要中百万大奖而订阅杂志的美国人不知道有多少。

因为大家喜欢美女，广告公司就动员了美国所有的模特儿及如花似玉的姑娘。因为大家喜欢明星，所以电影及运动明星就争着做广告。又因为大家喜欢性，于是所有的广告里都加上性的挑逗，甚至于毫无关系的商品也往性上扯，例如：雪白牙膏的广告在电视中就讲道："雪白牙膏使你的牙齿性感。"

▲美国广告五字诀

这五个字就是 New（新）、Natural（自然）、Lihgt（轻）、Real（真）、Rich（浓烈）。

这五字诀是美国心理学家研究了好久才得出来的，每一字都显示了美国人的心理状态。

New（新）：美国人喜新厌旧，这一点与中国人大不相同。有一个在中国做生意的美国人写道："中国人真让我笑掉大牙，就算你制造出更好的新肥皂，你必须仍然用原来的包装纸包，而且仍然要说是老牌子。"

美国人喜欢新东西，他们经常换汽车、经常搬家、经常换工作就是最好的证明。美国的商品要经常翻新，就算是一成不变，也要换包装，加上一个新字，否则就没有人买。

Natural（自然）：美国人的四周都是人造的东西，他们的食物90%以上都是加工品。医学界找不出癌症的真正病因，便每天"更新"一种加工品认为是癌症祸源。美国人吓怕了，他们要返璞归真，要走向原始，所以近来的自然食物店，又轮到我们中国人笑掉大牙了，里面卖的就是没加工的稻穗、麦子、牛初乳之类的东西。

美国工商业抓住这种返璞归真的心理，便在广告上加上"自然"二字。卖番茄酱的广告说，他们是把番茄摘下来立刻做成罐头，一点化学品都没有；卖橘子水的广告说，他们的橘子水罐头是从树上的橘子直接挤到罐头瓶里的。

Light（轻）：美国人都患了恐肥症，全国上下都在节食减肥。广告便抓住这种恐惧心理，用"轻"字来推销商品。百事可乐广告中的细瘦美女就不断地说，每瓶百事可乐中仅有1个卡路里。米勒啤酒的商标上也加上一个"Light"，雇来一大堆体育明星，每天在电视中吵着说米勒啤酒不增加体重。

Real（真）：中国人对"真"的重要性早就了解，所以很久以来便喊出"货真价实"一语。可口可乐广告中那句"It's a real thing"在世界上不知唱了多少年，简直可以说家喻户晓。它的中文意思是说，你要喝可乐，就喝地地道道的可口可乐，不要喝冒牌货，只有我们的才是正宗货色。

Rich（浓烈）：Rich 很难翻译，它多指食物味道足。美国人做起广告来一定说：这种酒真够味道，这种烟草嚼起来劲道真足。形容味道的醇烈，美国人就用 Rich。电视中那个著名牛仔捏一口烟草填到口中，嘴里呱啦呱啦地叨叨，他说的话中最主要的一个字就是 Rich。

攻心制胜

【心理战术】

如果您自恃能说会道，一开口就将对方的意见压下去，就会使对方口服心不服，增加统一认识的困难。所以在说话时必须非常重视揣摩对方的心理，因势利导，引导对方向真理低头。

攻心无疑离不开善辩，而善辩者必须对事物具有深刻的洞察力，能够揭示事物的本质及其发展趋势，才能攻心制胜。把攻心理解为威胁、恐吓、诡诈是片面的，攻心要让对方心悦诚服才对。

【经典案例】

▲孟子长于攻心

孟子谒见齐宣王，问："您曾经告诉庄暴，说您爱好音乐，有这么回事吗？"面对孟子，齐宣王已经有了几分戒备。出现的话题又是"音乐"，使齐宣王更加心虚，只得据实说："我并不爱好古典音乐，只是爱好一般流行的音乐罢了。"

孟子听了以后并没有批评他，相反还肯定地说："只要您非常爱好音乐，那齐国便会治理得不错了。至于喜好流行的音乐还是喜好古典音乐都一样。"

齐宣王说："这道理可以说给我听听吗？"孟子说："一个人单独地欣赏音乐快乐，跟别人一起欣赏音乐也快乐，究竟哪一种更快乐呢？"齐宣王说："当然跟别人一起欣赏更快乐。"孟子又说："跟少数人欣赏音乐固然快乐，跟多数人欣赏音乐也快乐，究竟哪一种更快乐呢？"齐宣王说："当然是跟多数人一起欣赏音乐更快乐。"

孟子立即接着说："那么，就让我对您谈谈什么是真正的快乐吧。假如国王在这儿奏乐，老百姓听到您鸣钟击鼓、吹箫奏笛的声音，都感到头痛，愁眉苦脸地议论：'我们的国王这样爱好音乐，为什么让我们妻离子散，苦到这般地步呢？'……这没有别的原因，就是因为国王只图自己享乐而不同百姓一同享乐的缘故。假使国王在这儿奏乐，百姓听到了鸣钟击鼓、吹箫奏笛的声音，全都眉开眼笑地交流：'我们的国王大概很健康吧，要不怎么能奏乐呢？'……这没有别的原因，只是因为您能与民同乐。如果国君能同百姓同乐，就可以使天下归服了。"

▲魏无知说刘邦重用陈平

楚汉相争时，项羽手下的都尉陈平投奔刘邦，刘邦见他处事干练，仍以都尉的官职任用他，并让他做自己的参乘，主持调解诸将关系的工作。刘邦手下的旧部都愤愤不平，说："我们的大王只要有楚方的人来投奔，不管阿猫阿狗，就委以重任。现在竟然让这小子来指手画脚支派我们。"刘邦的亲信将领周勃、灌婴也向刘邦打"小报告"："陈平这个人，听说他在家时，曾经勾搭自己的嫂子。起兵以来，又先后投奔过两个主人。现在，大王命令他节制诸将，他公开收受贿赂，钱给得多的，就派给轻松的任务；钱给得少的，就把苦差使安排给他。这种反复无常的小人，愿大王详察。"

刘邦找来明白底细的魏无知商量，魏无知说："大王当初任用他，是着眼于他的才干，而众人所说的，不外乎是德行。处在当今争强斗胜的局面之下，大王即使任用像尾生、孝己这样的古代著名的有德之士，对大王的事业也毫无帮助。反之，如果有建功立业的本领，即使戏嫂、受贿，又有什么关系呢？"

刘邦还不放心，当面找来陈平，问他先后投奔两个主人和收受贿赂之事究竟有没有。陈平一口承认说："有啊！我光着身子来投奔大王，不收点'小费'，如何过日子？过去我投奔的魏王和项羽都不能重用人才，所以我才来投大王。大王如果认为我有可用之才，就不要拘于这些小节；如认为我无用，我收的'小费'分文未动，你拿去吧，我就此告辞。"刘邦这才连声道歉，正式升他为护军中尉。陈平终于成为帮助刘邦夺取天下的汉初三杰之一。

▲斯大林与罗斯福的较量

1944 年，法西斯德国败局已定，美、苏、英各国军队在多条战线上取得重大战果。为了研究如何处理战后一系列遗留问题，特别是如何处理战败国德国，苏、美、英三国领袖决定再次举行最高首脑会晤。

最高首脑会晤时间、地点和会议程序的选择与确定，历来是一个重要的问题。当时，美国总统罗斯福身体状况已欠佳。因此罗斯福提出，会晤是不是可以订在 1945 年春天，这时天气已暖，他的身体可以吃得消。斯大林早已了解到罗斯福的病情，他知道，一个疲惫不堪、精力不支的首脑，在谈判中是不会保持坚强的意志和耐力的。

在这种身体状态下，罗斯福很容易感到厌倦、焦躁、虚弱，从而轻易地向对手让步。于是斯大林电告罗斯福：由于形势发展急速，一系列问题迫切需要解决，因此最高首脑会晤不能拖延，最迟应该在 1945 年 2 月份举行。

无可奈何之下，罗斯福只好同意这个日期。他又提出，因为健康原因他只能坐船去开会，这样旅途要花很长的时间，所以他希望会谈地点不要选得太远。另外，最好开会的地点和气候能温暖一些。

斯大林则拒绝去任何苏联控制以外的地方，坚持会议必须在黑海地区举行，还具体提出在黑海边上克里米亚半岛小城镇雅尔塔举行。这样，斯大林可以逸待劳，并可随时与莫斯科保持联系。

罗斯福再没办法讨价还价，他只好拖着病躯，硬着头皮，前往冰天雪地的雅尔塔。当罗斯福经过几十天艰辛跋涉到达雅尔塔的时候，人们发现这位总统面容憔悴，几乎精疲力竭。

斯大林、罗斯福、丘吉尔到达雅尔塔后，无休无止地会晤，日程安排得极为紧凑，首脑会谈多达20次，每次罗斯福都得参加，另外还有大量的宴会、酒会、晚会。这一切使罗斯福疲惫不堪。在谈判中，罗斯福强打精神，与斯大林讨价还价，终因体力不支，注意力分散，争辩不过斯大林，最后不得不草草结束会谈，按苏联的意思签订了协议。

罗斯福回到美国后几周就逝世了。美国人强烈批评罗斯福与斯大林签订的《雅尔塔协定》，认为它对苏联做了大幅度的妥协，是对美国与西方利益的"背叛"。

 **激发兴趣**

【心理战术】

为使对方欣然接受己见，先从调动对方兴趣入手，激发对方的兴奋点，拉近心理距离，而后进入正题，顺情晓理，让对方在兴致正浓时接受理喻。这也是说服对方接受自己的常用心理战术。

【经典案例】

▲孙息谏晋灵公

春秋时期，晋灵公奢侈腐化，不惜民力。有一年他下令建造一个9层的高台，这无疑会给老百姓造成沉重的负担，使国力衰竭。因此，大臣和老百姓都提出反对意见。但是，晋灵公坚持己见，并且在朝堂上严厉地对大臣们说："敢有劝阻建高台的，立即斩首!"气氛十分紧张。一些想保全身家性命的大臣，都吓得噤若寒蝉。

这时，有个叫孙息的大臣求见。君臣见面后，孙息对灵公说："我能把

9个棋子摞在一起，上面还能放上9个鸡蛋。"晋灵公不相信孙息会有这么高的技艺，但是又急于一饱眼福，就说："我还从没见过这种事。今天请你给我摆摆看！"晋灵公叫人拿来棋子和鸡蛋，孙息便动手摆了起来。他先是小心翼翼地把9个棋子摞了起来，然后又小心地将鸡蛋放置在棋子上。只见他放上一个鸡蛋，又放第二个，第三个……战战兢兢，如履薄冰。

这时殿堂里的气氛十分紧张，只能听到鸡蛋碰棋子的声音，围观的大臣们屏住呼吸，生怕鸡蛋掉下来。孙息也紧张得额上冒汗。晋灵公看到这情景，实在耐不住了，上气不接下气地说："危险！危险！"灵公刚说完"危险"，孙息忙接着说："我倒觉得这算不了什么危险，还有比这更危险的呢！""啊！"晋灵公惊诧了，"有什么比这更危险的呢？"

孙息手里握着正要置放的鸡蛋，慢条斯理地说："建九层之台就比这危险，3年都不一定建得成，这3年之中，要征用全国的壮丁服劳役，男不得耕，女不得织，国库空虚，户口减少，人民活不下去，他们就会逃亡，大王您自己也就完了。这岂不比摆棋子、鸡蛋更危险吗！"灵公听后，不由得吓出一身冷汗，对孙息说："搞9层之台，是我的过错。"然后立即命令平毁正在施工中的高台。

▲淳于髡说齐威王

公元前349年（齐威王八年），楚国纠集重兵攻打齐国。齐威王派淳于髡带黄金百斤、车子10辆去向诸侯求援。淳于髡听后笑得前仰后合，连系帽子的带子都笑断了。

齐威王不解地问："你是嫌礼物少吗？"淳于髡答道："怎么敢说少呢？"齐威王又问："你这样笑难道是有什么话想说吗？"淳于髡答道："今天，我从东方来，看到路边有个祈祷丰收的人，他拿着一个猪蹄和一杯酒，祈祷说：'请保佑我高处狭小的地方收获满笼，低处潮湿的地方收获满车，五谷繁茂成熟，粮食丰盈满仓。'我看到他敬神的东西如此之少，而祈求的东西却如此之多，所以笑他。"

齐威王忙加重礼物，让他带去黄金千镒、白璧10双、车马百乘。于是，淳于髡辞别齐威王出使赵国。到达赵国后，赵王调精兵10万，战车千辆交给他。楚国听到这件事，便连夜领兵撤退了。

齐威王很高兴，在后宫设宴，召来淳于髡，赐他饮酒。问淳于髡说："先生饮多少才醉？"淳于髡答道："我啊，饮一斗也醉，饮一石也醉。"齐威王说："既然你饮一斗就醉了，又怎么能饮一石呢？你能将其中的道理讲来听听吗？"

淳于髡说："如果我在大王面前被赐饮酒，执法的官员在身旁，记事的官员在背后，我心惊胆战、俯首屈身而饮，只不过一斗就醉了。如果父亲有尊贵的客人来了，我卷起袖子，屈膝长跪，捧着酒杯为客人敬酒祝福，这样起身数次，只喝两斗就醉了。如果朋友交往，阔别多年，邂逅相遇，高高兴兴地叙说旧情，窃窃私语，倾吐衷肠，大约喝五六斗就醉了。至于乡里宴会，男女老少在一起，玩着乡间游戏，欢乐无比，我心中十分高兴，大约喝8斗也只有两三分醉意。日暮酒残，合樽共饮，促膝而坐，杯盘狼藉，堂上熄灭了烛光，主人留下我而送走了其他客人，在这个时候，我心里最高兴，可饮一石。由此看来，过于贪杯便会迷乱，乐到极点就会生悲，世间万事都是这样，做什么事都不能过分，过分了就会衰败。"

齐威王说："好。"于是就取消了通宵达旦的宴客，并让淳于髡负责接待宾客，即使王室摆酒设宴，也让淳于髡在一旁作陪监督。

▲田赞劝楚王止戈

齐国人田赞为了阻止楚王发动战争，就穿着破旧的衣服去见楚王。楚王说："先生您的衣服怎么这么差劲呢？"田赞回答说："还有比这更差劲的呢？"楚王说："那是什么？"田赞回答说："铠甲。"

楚王问他是什么意思，田赞回答说："铠甲冬天穿上冷，夏天穿上热，衣服中没有比它更坏的了。我很贫困，所以穿的衣服很差。大王您是大国的君主，富贵无比，却喜欢拿铠甲让人们穿，我不赞成这样。这是为了行仁义吗？不，穿铠甲的事，是有关战争的事，是砍断人家的脖子，挖空人家的肚子，毁坏人家的城池，杀死人家全家的事情啊。那名声可不光彩。这是为了得到实际利益吗？如果谋划损害别人，别人也必定谋划损害你；如果谋划让别人遭到危险，别人也必定谋划让你遭到危险。这种情况，我认为大王您还是不要选择的好。"

楚王无言以对。

软磨硬泡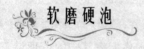

【心理战术】

通过软磨硬泡的方法使对方产生心理疲劳，最后妥协。

军事上的蘑菇战法，是在敌强我弱的情况下，采用"拖"的办法主动调动敌人，将敌拖疲、拖乱、拖垮。这种有效战法同样适用于政治、经济、外交、辩说等领域。

【经典案例】

▲马拉松演说

爱兰德尔是美国南部的参议员，他知识丰富，口若悬河，是一个顽固的种族主义者。

1933 年，有一批主张种族平等的美国参议员向议会提交了"私刑拷打黑人的案件归联邦法院审判"的议案，得到了大部分议员的赞成。爱兰德尔决心反对这一法案。

第二天，他便登上了参议院的讲坛。他高谈阔论了 5 天，天南地北、古今内外无所不及，据一位热心统计的记者声称：他在讲台前踱步 75 千米；为使演讲生动有力，共做了 1 万多个手势。演讲期间，吃了 300 个夹肉面包，喝了 40 升清凉饮料。

经过这 5 天的演说，大多数人都疲倦了，支撑不下去了，"私刑拷打黑人的案件归联邦法院审判"的议案也就被束之高阁了。

▲"蘑菇战"

1946 年 4 月，土光敏夫被推举为石川岛芝浦透平公司总经理。当时，日本大战新败，百姓生计窘迫，一日三餐不保，企业的发展更是困难重重，其中最大的困难就是筹措资金，即便是那些著名的大企业，资金也相当紧张，更何况芝浦透平这种没有什么背景的小公司，就更没有哪家银行肯痛快地借钱给它了。土光担任总经理不久，生产资金的来源就枯竭了。为了筹措资金，土光不得不每天去走访银行。

一天，土光端着在车站上买的盒饭来到第一银行总行，与营业部部长长谷川重三郎商议贷款事项。"今天无论如何都得借，借不到就不回去了。"土光一上来就摆出了不达目的誓不罢休的气势。"可我的手头没有能借给你的款项呀。"长谷川则装出爱莫能助的无奈之态。双方你来我往，谈了半天也没谈出结果来。

时间过得飞快，土光看到疲倦的长谷川有点像要溜走的样子，便慢条斯理地拿出了带来的饭盒，说："让我们边吃边谈吧，谈到天亮也行。"

长谷川只好认输，终于借给了他所希望的款项。

 以柔克刚

【心理战术】

对于性情刚烈之人，必须采用"以柔克刚"的心理战术才能避其锋芒，战胜对手。

在辩说中，如遇对方气盛火旺，就要控制好自己的情绪，待其气衰势竭之时，战而胜之。老子认为"柔弱胜刚强"（《老子·三十六章》）。他说："人之生也柔弱，其死也坚强。草木之生也柔脆，其死也枯槁。故坚强者，死之徒；柔弱者，生之徒。是以兵强则灭，木强则折。"（《老子·七十六章》）善说辩者，在辩说中之所以退避三舍，其目的就在于避开对方的锋芒，以柔弱胜刚强。

【经典案例】

▲范座妙语

赵、魏等国合纵，赵王为争夺合纵的领导地位，献出百里土地，请求魏王杀死自己的相国范座。

范座上书给魏王说："臣听说赵王要拿方圆百里的土地为代价，请求杀死我。杀死一个无罪的范座，不过是小事一桩；而得到百里的土地，可是很大的利益，臣暗自为大王感到得意。话虽然这样说，有一点却不可不留意，如果百里的土地没能到手，被杀死的人又不能复生，大王就一定会被天下人所耻笑。臣以为与其用死人同赵国做交易，不如拿活人做交易更好。"

▲梅特涅冷对拿破仑

1812 年拿破仑侵俄战争失败后，俄、英、普等国组成反法同盟军，开始反攻。拿破仑虽取得一些战役的胜利，但总的趋势每况愈下，法国的盟国奥地利一面积极备战，一面以停止结盟相威胁，提出了种种条件，拿破仑断然拒绝。

1813 年 7 月，拿破仑在德累斯顿的马尔哥利宫会见奥地利使者梅特涅。拿破仑想借此机会威胁梅特涅，并探听他最近和沙皇会谈的结果。拿破仑腰悬宝剑，腋下夹着帽子，威仪十足地接见梅特涅。说了几句事先想好的客套话，问候了弗兰西斯皇帝后，他面孔一沉，就单刀直入："原来你们也想打仗！好吧，仗有你们打的。我已经在包岑打败了俄国，现在你们希望轮到自己了。你们愿意这样就这样吧，在维也纳相见。你们本性难移，经验教训对你们毫无作用。我已经 3 次让弗兰西斯皇帝重新登上皇位，我答应永远和他和平相处，我娶了他的女儿。当时我对自己说：'你干的是蠢事。'但到底是干了，现在我后悔了。"

梅特涅看到对手火了，忘掉了自己的尊严。于是他愈发冷静，故意刺激拿破仑这头好斗的野牛。他提醒拿破仑说："和平取决于你，你的势力必须缩小到合理的限度，不然你就要在今后的斗争中垮台。"拿破仑被激怒了，声言任何同盟都吓不倒他，不管你兵力多么强大，他都能制胜。接着，他说自己对奥地利的军备有准确的了解，每天都收到这方面的详细情报。梅特涅打断他的话，提醒拿破仑，如今他的士兵不再是大人，都是小孩儿了。拿破仑激动地回答："你不懂得一个军人是怎么想的。像我这样的人，不大在乎 100 万人的生命。"说完，他把帽子扔到一边，梅特涅并没有替他捡起。

拿破仑注意到这无言的蔑视，只得继续说道："我和奥地利一位公主结婚，是想把新的和旧的、中世纪的偏见和我这个世纪的制度融为一体。那是自己骗自己，现在我充分认识到自己的错误。也许我的宝座会因此而倒塌，不过，我要使这个世界埋在一片废墟之中。"梅特涅听了，仍然无动于衷。拿破仑威吓不成，就改用甜言蜜语，哄骗笼络，他在把梅特涅打发走的时候，拍了拍这位奥地利大臣的肩膀，语气平和地说："好啦，你知道事情会怎么样，你不会对我开战吧？"梅特涅马上答道："陛下，你完了。来时我已有此预感，去时就确定无疑了。"后来他又对人说，"他什么都给我讲清楚了。这个人一切都完了。"不久，奥地利加入了第六次反法同盟的行列。

很显然，在这次会见的较量中，胜利者是梅特涅，而不是拿破仑。一贯以权谋多变著称的统帅拿破仑不能控制住自己愤怒的情绪，连连失态，说些大话、气话，想借此胁迫梅特涅。相反，梅特涅却能冷静处事，不辱使命，不失时机地以言辞激怒拿破仑，使其暴露内心世界。梅特涅的话语不多，但他一方面表明了欧洲的和平取决于拿破仑；另一方面了解到拿破仑固执己见，不思变通。在欧洲联合进攻下，拿破仑失败的命运是无法改变的。

▲罗斯福谈笑息怒火

罗斯福很早以前就想请巴鲁赫出来做官，但巴鲁赫未予应诺。1943年2月5日，罗斯福派物价管理署署长詹姆斯·伯恩斯去见巴鲁赫，并带去了一封信，请他担任战时生产署署长，主管全部战时生产事宜。

第二天，巴鲁赫决定出山。然而，他突然得了病，起先医生认为可能是癌，但3天后证明不是癌，于是巴鲁赫连忙赶赴白宫向总统报到。

在总统候客室里，巴鲁赫听说总统忽然改变了主意。他正要发作，总统的秘书已在门口说，总统请巴鲁赫先生。

罗斯福见到巴鲁赫后，压根不提聘任之事。他滔滔不绝地说："伯尼，你知道白宫有鬼吗？女佣梅姬说她确实在我的寝室内见到过鬼，而且她肯定这个鬼，即是林肯总统。我个人倒没有在白宫见过鬼，但我的确在白宫见过许多笑话。最奇的是去年国庆节，我在白宫举办招待会，我坐在轮椅上，各国使节挽了自己的夫人列队鱼贯地上前来同我握手……"

"队伍缓缓前进，忽然见到一位大使夫人裙子下静悄悄地滑下一个粉红色的东西，啊，原来是夫人的内裤松紧带断了，内裤从大腿一直滑到脚尖。更奇的是，那位夫人竟若无其事，轻轻地把两脚从内裤中跨了出来继续前进。我们那位黑人侍者乔治也很有趣，他见状，就托了一个空盘，走到那内裤面前，拣起内裤，往空盘内一丢，好像是收餐巾一样。我们大家都佩服乔治对此事的处理……"

巴鲁赫由克制怒火地听，直到出神地听，慢慢地满腔怒火都烟消云散了。

刚柔并济

【心理战术】

"刚柔并济"运用在论辩中指的是：为了打动对方，突破对方的心理防线，要善于剖析利害，软硬兼施。既有劝诱，又有威吓；既动其心魄，又注意分寸，双管双下，以达到说服对方的目的。

【经典案例】

▲赵高说李斯

秦始皇出巡，死在沙丘。赵高为了攫取大权，千方百计阻挠秦始皇的长子扶苏即位，一心想辅佐秦始皇的次子胡亥登基。但此时赵高的羽翼未丰，为防止朝臣反对，他只好劝说丞相李斯与自己同谋。他对李斯说："皇上给长子扶苏留下了一封诏书，要立他为继承人。这封诏书还没有发出，此事并无他人知道。现在他的诏书和御印都在胡亥那儿，所以，确定谁是太子就在您与我赵高的一句话了。这事怎么办？"

李斯说："您怎么能讲出这种亡国的话！这不是臣子应当议论的事！"

赵高说："您自己估量一下：您的才能比蒙恬怎么样？功劳比蒙恬怎么样？谋略比蒙恬怎么样？威信比蒙恬怎么样？在扶苏眼中您和蒙恬比，谁会赢？"

李斯说："这5条我都比不上蒙恬，可是您为什么要这样苛求我呢？"

赵高说："我本来是一个宦官，幸而能够凭着谙习刑狱文书进入秦宫，管事20多年，从来没有看到秦王罢免的丞相或功臣有封爵传到第二代的，最终都是被诛杀而死。皇帝有20多个儿子，都是您所了解的。长子扶苏刚强而勇武，信任武将，他即位后定会任用蒙恬做丞相，到最后您恐怕想带着通候的印信告老还乡都不可能，这是显而易见的。我奉命教授胡亥，让他学习法律已经好几年了，没见过他有什么过失。他仁慈厚道，轻钱财而重贤士。秦朝的公子们没有比得上他的，可以做大业继承人。希望您考虑决定。"

李斯说："您还是守您的本分吧！我遵照主上的遗诏，还有什么可考虑的？"

赵高说："处境平安可以变得危险，处境危险可以变得平安。一个人无法左右自己命运的安危，怎么称得上英明？"

李斯说："我不过是上蔡闾巷的一个平民，蒙皇上圣恩提拔当了丞相，封为通候，子孙都得到尊贵的地位和丰厚的俸禄，皇上把国家存亡安危的重担交托给我，我怎么能辜负皇上呢！忠臣不因为怕死而侥幸生存，孝子不怕过分勤劳而伤害身体，做臣子的各守本分罢了。请您不要再多说，否则将会使我获罪。"

赵高说："我听说英明的人灵活多变，能顺应时势的变化和时代的潮流，看到事物发展的苗头就知道事物发展的大方向，看到事物发展的动向就知道事物发展的最终结果。事物本来就是这样，哪里有一成不变的道理！当今天下的权力和命运都掌握在胡亥手中，我能够体会他的意向如何。况且从外部来制服内部就是逆乱，从下面来制服上面就是反叛。所以秋天霜降花草就凋落，春天冰化万物就生长，这是必然的结果。您怎么还意识不到呢？"

李斯说："我听说晋国换太子，3代不安宁；齐桓公兄弟争夺君位，哥哥被杀死；商纣杀死亲族，不听劝谏，国家成为废墟，社稷危亡！这3件事都因为违背天意，结果国破家亡。我是个堂堂正正的人，怎么能参与叛逆阴谋！"

赵高说："上下齐心，事业可以长久；内外一致，事情就不会出差错。您依我的计策，就能长保通候的爵位，而且会像王子乔、赤松子那样长寿。如果你定要放弃这个机会，定会自身难保，祸久子孙，我实在为您痛心。理想的做法是转祸为福，您打算怎么决断呢？"

李斯仰天而叹，流着眼泪叹息道："唉！我偏偏遭遇这个变乱的时代，既然不能死节效忠，又到何处安身立命呢！"于是依从了赵高。

 不卑不亢

【心理战术】

说辩者如果自卑，必然使对方觉得你理亏气短，自减分量；如果自傲，又有伤对方的自尊，引起对方的抵触情绪和逆反心理。因此，最好以"不卑不亢"的心理，来维护自己的尊严并说服对方。

【经典案例】

▲谅毅使秦

秦军攻取赵国的宁邑，诸侯都派使臣去祝贺，唯独赵国的使臣"三往而不得通"。于是赵王派群臣所举荐的谅毅出使秦国。

谅毅受命来到秦国，上书给秦王说："大王开拓疆土到宁邑，诸侯都派使臣朝贺，敝国君王也十分欣喜，派遣使臣带着礼物3次来见大王，可来使都没能得到通报。如果使臣无罪，希望大王不要断绝两国间的友好情谊；如果使臣有罪，希望能得到请罪的机会。"

秦王派使者通报说："我所要求赵国的是，不论小事大事都得听从我的话，做到这一点才能接受你们的国书和礼物；如果不听从我的话，使者就请回吧！"谅毅回答说："下臣这次来秦，本来就想尊奉大王的旨意，岂敢不听从大王？大王如果有什么吩咐下臣的，必当奉行，没有什么敢犹疑的。"

在这种情况下，秦王才同意接见使者。他对谅毅说："赵豹、平原君屡次欺骗戏弄寡人，赵国如果能杀死这两个人，则可以交好。如果不肯杀，就请允许我即刻率领诸侯的军队杀到赵国的都城邯郸城下，接受赵王的指教。"

谅毅说："赵豹、平原君是敝国之君的同母兄弟，就像大王同叶阳君、泾阳君一样。大王以孝敬父母、友爱兄弟闻名于天下。听说您有了合体的衣服，可口的食物没有一次不分给叶阳君、泾阳君的。他们的车马衣服，无不是大王所赐。臣听说：'如果有什么地方翻了鸟巢，毁了鸟卵，凤凰就不往那里飞；如果有什么地方剖出兽胎，烧死小兽，麒麟就不往那里去。'我要是接受大王的命令还报赵王，敝国之君畏惧大王的威势自然不敢不奉

行您的命令。不过，请您三思，这难道不会伤叶阳君、泾阳君的心吗?"

秦王说："嗯，那就不要让他们参与政事吧!"谅毅说："敝国之君，有亲弟弟却不能教诲，而招致贵国的憎恶，那就贬黜他们，不让他们参与政事，以称贵国之意。"秦王这才高兴起来，接受了赵国的礼物并且厚待谅毅。

谅毅的应答不卑不亢，十分得体，既坚持原则，又有灵活性，从而保全了国家的尊严，不辱君命。

疲劳攻心

【心理战术】

人的精神和身体处在正常状态时，判断力很强;反之，判断力和思考力就很弱，反应也变得迟缓，抵触对抗的情绪很低。所以有时虽然不大赞同，也草草地通过了，可见，为了交涉的成功，做结论的时候，最好在黄昏，趁对方疲惫不堪的时候，乘虚而入。

【经典案例】

▲疲劳时表决

在大学研讨会上，经常为某个问题讨论很久，虽然还没到下结论的关头，不少老教授已明显露出疲劳神态，这时，主席要是说："那么到此为止，我们下面表决。"很多人一定不约而同地显得很高兴，某些本来很难定论的复杂问题，也可能轻易地达成共识。

当然，讨论也要到某一阶段才能表决，可是从最后表决的情况来看，疲劳因素占了很大比重，因为，大家在心理上和身体上都非常疲劳，差不多处于一种无所谓的心理状态。

▲审问嫌疑犯时的心理战术

"要是让嫌疑犯睡得足、吃得饱，还有烟抽，那么再想套出他的口供就比登天还难了。"这是一位老警察的经验之谈。尤其是惯犯，几乎把牢狱当成自己的家了，如此待遇怎能令他招供!对这种人必须严禁吸烟，同时长时间地录口供，这时对方烟瘾大发，又遭受"疲劳轰炸"似的轮番审问，已处于近乎崩溃的精神状态，然后才故意请他吸一根烟。对方在这种极度疲劳后得到一点满足的情况下，往往愿意把什么都讲出来。

使人的肉体疲劳，才能引起对方的心理动摇，最后再稍微推动一下，就会按我方的设计得出结果，极尽这种做法能让对方的思考力产生 180 度的转变，而且手法极漂亮。

因此，与人交涉到最后要做决定性结论的时刻，最好选择在对方身心疲劳的黄昏。

激将攻心

【心理战术】

明激与暗激，正激与负激；激而无形，激而有导。

激将法是有意识地利用反面的语言手段，刺激对方的自尊心，使对方的言行朝着自己预期的目标发展的一种心理战术。

激将法之所以成为说服工作的"常规武器"，就是因为利用了人们心理补偿的功能。个人因从事某项活动而受到挫折或因个人生理上、心理上的缺陷而达不到原定的目的，使自尊心受到自我压抑，会改以其他活动来弥补因挫折而丧失的自信、自尊和不安之感。补偿功能是一种积极应付挫折的防御方式。激将法是有目的地用反话刺激对方，使对方从自我压抑中解脱出来，代之以上进心、荣誉感、奋发精神，从而达到新的心理平衡。

▲诸葛亮智激周瑜

三国时期，赤壁之战最后以孙刘联盟的胜利而告终，孙刘两家如不联合起来，就有被各个击破的危险。

孙刘联合，诸葛亮功不可没。他单枪匹马来到东吴，舌战群儒，智激周瑜，终于取得了外交上的重大突破，实现了孙刘的第一次联盟。他采用激将法说服周瑜，展示了不凡的外交才能。周瑜虽有抗曹之心，但却看不起刘备的力量，故意在诸葛亮面前摆出要投降的样子，他的用意，是要挟诸葛亮，使诸葛亮有求于他。诸葛亮心里明白，对待这样的关键人物，正面说理是不行的。

于是他故意用反话刺周瑜，他先挖苦鲁肃不识时务，认为"公谨主意欲降曹，甚为合理"。接着又献出一条妙计，"并不劳牵羊担酒，纳士献印；亦不须亲自渡江；只需遣一介之使，扁舟送两个人到江上，操一得此两人，百万之众，皆卸甲卷旗而退"。这两人是谁？乃是大乔和小乔。大乔是孙策之妻，小乔是周瑜之妻。

诸葛亮这一激，果然有效，《三国演义》中形象地写了激将后的效果。"周瑜听罢，勃然大怒，他离座指北而骂：'老贼欺吾太甚！'诸葛亮急起而止之曰：'惜单于屡侵疆界，汉天子以公主和亲，君何惜民间二女乎？'瑜曰：'公有所不知，大乔是孙伯符将军之妇，乔乃瑾之妻也。'诸葛亮佯作惊恐之状，曰：'亮实不知，失口乱言，死罪死罪！'瑜曰：'吾与老贼势不两立。'亮曰：'事须三思，免致后悔。'瑜曰：'吾承伯符寄托，安有屈身降曹之理？适才所言，故相试耳。吾自离鄱阳湖，便有北伐之心，纵刀斧加头，不易其志也，望孔明助一臂之力，早晚拱听驱策。'"

诸葛亮激周瑜，是以曹操欲得二乔的事，使周瑜产生屈辱心理，这位堂堂的兵马大都督经受不了这羞辱的一激，竟离座指北而骂，一时忘了和诸葛亮耍小心眼，下定了抗曹决心，而且不再摆架子，反过头来求诸葛亮"助一臂之力"。

▲诸葛亮智激黄忠

激将法可有多种形式，最常用的是明激法和暗激法。

明激法是直接贬抑对方，刺痛对方，促使对方振奋起来，从而使对方朝着有利于自己的方向发展。上例诸葛亮智激周瑜便是明激法。暗激法是通过褒扬第三者的方法，间接地贬抑对方，从而引发对方的自尊心理的不平衡，产生超越第三者的心理，诸葛亮智激黄忠采用的便是暗激法。

曹军将领张郃率重兵攻打葭萌关，守关将领挡不住，连忙向成都告急。刘备听到了这消息请军师来议。诸葛亮聚众于堂上，问："今葭萌关紧急，必须到阆中招回张飞，方能打退张郃。"法正说："张飞屯兵汇口，镇守阆中，也是紧要的地方，不可招回，只能在帐中将内选人破张郃。"诸葛亮笑着说："张郃是魏国的名将，非等闲之辈，除非张飞，无人可挡。"

孔明一个劲儿地褒张飞，赞张郃，黄忠终于沉不住气了，说："军师为什么轻视众人呢？我虽不才，愿斩张郃首级，献于麾下。"诸葛亮说："汉升虽勇，但怎奈年老，恐非张郃对手。"黄忠听了，白发倒立说："我虽然老了，两臂尚能拉三石之弓，浑身还有千斤之力，岂有不足与张郃对敌的道理！"诸葛亮说："将军年近70，如何不老？"

黄忠健步下堂，取架上大刀，转动如飞，壁上硬弓接连被他拉断两张。诸葛亮说："将军要去，谁为副将？"黄忠不服老，说："老将严颜，可同我去，但有疏忽，先砍下我这白头。"

明激是正面地贬抑对方，伤人很重；暗激法间接地贬抑对方，同样也能起到好的激将效果。

从效力上看激将法还分正激法和负激法。正激法产生积极情感、积极效果；负激法产生消极情感、消极后果，故而使用激将法要注意掌握一个度。没有一定的度，激将法收不到应有的效果；超过限度，不仅不能朝预期的方向发展，还有可能使对方自甘堕落，破罐子破摔。

▲激而无形

这种方法没有直露的、明显的相激之话，却能使对方不知不觉地朝自己的预期方向发展。英国陆军反间谍部队的高级军官伯尼·费德曼被德军抓获，为了让他投降，德军软硬兼施，全无效果。于是他们让他到德国初级间谍干部学校去，让一个错误百出的人当老师，让这位高级军官当学生，坐在下面听讲。在一窍不通的"老师"面前费德曼忍无可忍，站出来纠正"老师"的错误，结果德军巧妙地掌握了英美的谍报情况。这种激将法激而无形，更隐蔽、更经济，也更巧妙。

激将法往往是以贬抑对方的形式出现的，激发出来的结果往往是一种维护自尊的心理和激情，这种心理是可贵的，十分重要的。没有自尊心理，就没有奋发向上的勇气和精神。但光停留在这种心理状态上还不够，而且也不能持久，还必须进一步引导他走上正确的轨道，树立起正确的人生目标，如此对方的激情才能持久而不衰。

奇胜篇

出奇制胜

【心理战术】

抓住人们喜欢新奇的心理特点来战胜对手的心理战术。

《孙子·势篇》："凡战者，以正合，以奇胜。故善出奇者，无穷如天地，不竭如江河。""所谓奇者，攻其无备，出其不意也。"这是明代刘伯温的精确概括。

社会经济愈发展，人们追求的生活目标愈向新的方向延伸，企业只有推陈出新，出奇制胜，才能占领市场。

【经典案例】

▲巧布流言

秦桧做宰相时，有一段时间临安市场忽乏铜钱，以至造成货物积压，销售不畅。知府不知如何是好，就告诉了秦桧。秦桧大笑道："这事太好办了。"立即召负责财政的文思院官员来见。他一本正经地说："我刚刚接到圣旨，准备改变钱法，现行铜钱一律废止不用。"又约第二天中午具体商议。

官员们得到这个消息，连忙将自家尚存的铜钱尽数携到市场买成货物。富户人家很快听说了此事，也纷纷拿出贮存的全部铜钱投放市场购粮。一时间，铜钱流通充盈，货物积压情况好转。过了几天，并无"圣旨"颁下，而市场交易已恢复正常。

▲"好来西"谋略

浙江武义县的好来西服饰有限公司是一家乡办企业。在短短的 7 年间，这家公司已在强手如林的市场竞争中站稳了脚跟，产品畅销国内并出口 10 余个国家和地区，成为年生产 100 余万件中高档服装服饰用品，产值 5000 万元，固定资产 1000 万元的著名企业。

"好来西"诞生的第二年，即 1985 年，就在海口办起了第一个窗口企业，此后又在海南、香港、深圳等地采取联营、合资等形式办起了 10 个好来西分公司。创办这些窗口的目的，就是搜集国际、国内服装市场的信息。企业发展靠产品，产品开发靠信息。靠着有价值的市场信息，"好来西"每年能开发 200 多个新产品，而且"好来西"成为了国内唯一生产成套现代服饰的企业。

企业都懂得开辟市场，但"好来西"有其独特手腕，就是在全国各地设立"好来西精品屋"，派职工去站柜台。如今，"好来西"在北京、天津、西安、南京、武汉、南昌、长沙、哈尔滨、杭州等地开设的精品屋已达 20 多个，站柜台的职工 200 多人，每年的费用相当于"好来西"服饰有限公司全年利润的 60%，站柜台的职工人数是"好来西"一线工人的 1/3。"好来西"产品通过精品屋不但可以直接与消费者见面，还可批发给所在城市的其他商场。这 200 多人的销售网使"好来西"在全国销售服装服饰产品达 100 万件（套），销售额达 4500 万元。

1991 年 6 月，"好来西"的领导突然下令全线停产，集中 400 多名一线工人，将待发的 7 万余件衬衫全部返工，而返工的原因是为了清除衬衫上几个不起眼的线头。返工用了两个月的时间，付出工本费 30 多万元。

"好来西"对产品质量就是这么认真，从来没有含糊过，他们不仅投资购置了 440 套国内外先进设备，还从设计、面料、加工等环节上制定了一系列严格量化的质量标准，连衬衫领子洗涤时出现气泡这类小问题也不放过。从 1989 年起，"好来西"衬衫先后获部优、省优和浙江省服装行业唯一的精品奖。

正因为如此，"好来西"推出国内企业中很少能生产的 100 多元一件的高档衬衫时，人们并不吃惊。

1992 年 3 月初，"好来西"从浙江武义开进北京城，并且在闹市区的王府井百货大楼、西单商场及外宾购物中心友谊商店摆下"擂台"。

北京是名牌高档产品云集之地。要将产品打进北京市场，不但需要"实力"，更需要勇气。"好来西"自信"实力"已经具备，至于勇气，"好来西"从来就是"初生牛犊不怕虎"。在一系列公关活动的配合下，"好来西"在首都一流的购物场所与进口的金利来平起平坐。

"出奇"又"制胜"，"好来西"很快就博得了北京市民的欢心。在"三八"妇女节这天，不少首都的女士们用自己买衣物的钱购买了"好来西"男式衬衫送给自己的先生。从 4 月起，在北京开设的几个"好来西"精品屋，日销售额均逾万元。有关人士预言，"好来西"一定能在北京市场的"擂台赛"中常胜不衰。

▲标新立异的地中海俱乐部

法国地中海俱乐部，最初只不过是一个小小的体育和海底运动爱好者的协会，20 年后，它已成为一个遍及五大洲的专营旅游和度假等业务的跨国公司，号称"太阳帝国"。追求新奇，顺应潮流，是它获得成功的奥秘之一。

公司总裁特里加诺利用自己在世界各地旅游之机，掌握各种时髦的新玩意儿。当瑜珈兴起时，地中海俱乐部就教他们的游客们尝试瑜珈；当运动训练班变得时髦，他们就组织起网球、高尔夫球、骑术等各种训练班；当电脑之风兴起时，他们就把在意大利西西里岛的度假村信息中心对游客开放；当大家想减肥的时候，俱乐部便在法国的维特尔开设健身中心。特里加诺和他的智囊团总是千方百计地标新立异。

为了吸引更多的顾客，地中海俱乐部改变了只为"成年人"服务的形象。1975 年，特里加诺发动了一场广告宣传战，宣传探险旅行，用大量的、美感的、能引起幻想的图像以及模特富有魅力的青春美来吸引青年顾客。1982 年特里加诺还开创了"接触旅游"，他为里昂郊区的少年犯组织了夏令营。由于他的成功，1983 年密特朗总统授予他 1989 年万国博览会总特派员的头衔。

▲海底酒店

在美国，流行一种有趣的海底酒店和游乐场。1985 年夏季，有人在美国东海岸的乔治镇附近海域开设了一家朱丽海底旅舍，其宣称旅舍是为纪念一位作家朱丽·维妮而建的，因为这位女作家曾经写过一本《海底下的二百个同盟》的书，十分有名。

海底酒店是利用一艘长达 50 英尺（1 英尺 = 0.3048 米）的旧船进行改建的。这旧船曾一度被用做海洋实验室。改建后的海底酒店设有两间套房，1 间多用途房间和 1 间"过渡房"。住酒店的旅客可以在"过渡房"内换衣服，然后进入客房。每个房间可容纳 4 个人，一切必需的生活设备应有尽有。海底酒店非常宁静，又很舒服，房间有大玻璃窗，就像住在海底"龙宫"一样，可以见到海底千奇百怪的海洋生物。酒店配备的氧气装置可以使游客能够在附近海底游览、散步、与海洋生物亲密接触。

别具一格的海底酒店，从开工修建那天起，就吸引了大批游客登记预约，尤其是那些热恋的男女。

▲ 可乐大战

"清凉饮料之王"可口可乐被视为美国活力的象征。这种饮料，当前遍及世界 155 个国家和地区，每天销售 3 亿瓶。到 1986 年 5 月 8 日，正好是这种饮料诞生 100 周年。

一般说来，如此畅销的饮料就不用考虑推销的谋略了。但是，1985 年 4 月，可口可乐公司却突然宣布要改变沿用 99 年之久的老配方，而采用刚研制成功的新配方，并声称要以新配方再创可口可乐在世界饮料行业中的新纪录。这是轰动美国的一条大新闻。对于新配方，该公司用 3 年时间，耗资 500 万美元，进行了 20 万人次的回味调查和饮用试验，其中 55.96% 的人认为新配方味道更好。可口可乐公司为了新产品上市，全力组织生产，以期早日将新可口可乐送往美国各地。

但当新配方的可口可乐推出后，却在市场引起轩然大波，公司每天收到无数封抗议信件和多达 1500 次以上的抗议电话，有人还为此举行了抗议示威。这种情景可乐坏了可口可乐公司的竞争对手——百事可乐公司的老板。几十年来处于劣势的百事可乐，这次可要乘机大显身手了。

百事可乐公司首先制作了一个 30 秒钟的电视广告。广告内容是，一个眼神急切的妙龄女郎盯着镜头说："有谁能出来告诉我可口可乐为什么这么

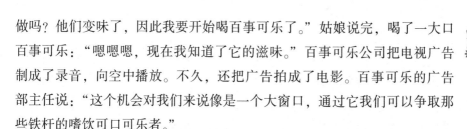

做吗？他们变味了，因此我要开始喝百事可乐了。"姑娘说完，喝了一大口百事可乐："嗯嗯嗯，现在我知道了它的滋味。"百事可乐公司把电视广告制成了录音，向空中播放。不久，还把广告拍成了电影。百事可乐的广告部主任说："这个机会对我们来说像是一个大窗口，通过它我们可以争取那些铁杆的嗜饮可口可乐者。"

正当百事可乐公司老板乐不可支时，可口可乐公司董事长突然宣布，为了尊重老顾客的意见，公司决定恢复老配方可口可乐的生产，并改名为"古典可口可乐"；同时考虑消费者的新需要，新配方的可口可乐也同时继续生产。消息传出，美国各地的可乐爱好者为之雀跃，老顾客纷纷狂饮老牌可乐，新顾客竞相购买新可乐。一时间，可口可乐的销量比往年同期上升了85%，可口可乐公司的股票每股猛涨了2.57美元，而百事可乐公司的股票却下跌了0.75美元。

通过竞争，可以看出两大可乐公司各自施展的谋略。就拿可口可乐公司来说，改用新的可口可乐配方并不是他们的真正目的，而是一种推销商品的谋略。当新配方引起顾客强烈抗议以致使他们处在四面楚歌的包围之中时，可口可乐公司的董事长适时宣布新老配方一起上马的决定，从而取得了空前的成功。百事可乐公司的谋略也非同一般，为了争夺市场，他们不惜花巨资做广告，并且动用了银行、政界的力量为之宣传。1985年，百事公司就力邀了美国政坛上的风云人物为之做广告，向美国人民介绍不含咖啡因的百事减肥可乐。为了讨好年轻人，其还专门把饮料制成青年饮料，可见其用心良苦。

▲新兴的战场旅游业

人们一谈起越南就会把它与战争联系在一起。现在，这个长期饱受战争蹂躏的民族迎来了和平。世界各地喜爱观光的人，怀着对战争的好奇心，纷纷来这儿旅游。那些亲身经历过战争的人，特别是参加过越南战争的美国军人，更有一种特殊的感受，促使他们加入旅游大军。

战场旅游景点之一是胡志明市市郊的地道网。地上，星星点点地躺着当年战争遗留下来的坦克、大炮、战车和各种各样的武器。那滚滚的浓烟、坦克炮台上殷红的鲜血都是当地旅游部门的员工精心制作出来的，给人一

种亲临其境的真实感。

美国人在越南交战近10年，但一直未能侦察到对方隐蔽指挥部所在地。今天这个绝密的地下指挥部已向公众开放了。

商店里出售着形形色色的战争纪念品，如多功能军用小刀、防毒口罩、美军身份识别牌等。路边的小屋里，裁缝们热情地给客人们量体裁衣，制作军服。游客们穿上刚做好的军服，佩带着租借的"武器"，在当年的战场上，摄下令人难忘而又发人深省的镜头。

蓬勃发展的战场旅游业挣取的大量外汇给越南经济发展注入了活力。昔日的战争给越南带来了灾难，但今天聪明的越南人利用战场旅游发展了经济，这也许是当年的那些入侵者没想到的吧。

奇货可居

【心理战术】

抓住人们"物以稀为贵"的心理，囤积奇货来谋取利益的战术。

奇货，稀有的货物。居，存储，囤积。奇货可居，指把稀有的、短缺的商品储存起来，等待高价时出售。

"奇货可居"说明了这样一个道理：物极必反。司马迁在《货殖列传·序》中指出："物贱之征贵，物贵之征贱。"低贱的东西，如果供应量不足，达到一定的极限，也就会由贱而变贵。贵重的东西，如果供应量超过了一定的极限，反而会变低贱。要想居奇货的经营者必须具备识别这两个极限的"慧眼"和同时大进大出的胆略。

【经典案例】

▲慧眼识奇货

法籍华人成之凡女士是巴黎知名的珠宝首饰收藏家。她认为收藏珠宝、金银首饰，要买有签名的、名家设计的，既可保值，又可升值。

20世纪50年代，成之凡女士刚到法国，偶然在一家金银首饰店见到一枚金戒指，并对此产生了很大的兴趣。就这枚金戒指的含金量来说，并非4个"9"（即99.99%）的24K黄金戒指，只是18K的金戒指，对有钱人来说，简直是不屑一顾的东西。

可是这枚外形像蜗牛的 18K 金戒指，在内壁刻有制作年代、号码和设计师的名字，这一点对于识货的人来说，不能说没有吸引力。

成之凡女士深知这枚金戒指的收藏价值，便毫不犹豫地掏出 6000 法郎，买下了这枚金戒指。戒指至今戴在她手上，视为奇货可居，即使现在用 6 万法郎也是买不到的。因为，随着现代大工业生产和科技的发展，金银首饰大多是机器生产的，每一种样式千篇一律，工业气息浓重，而手工制作的金银首饰愈来愈少。而手工首饰具有强烈的个性，多不雷同，价格昂贵，即使在国外，也多半是有钱人才专门定做，成之凡女士的那枚戒指，现在便成了古董，其价值可想而知。

1970 年成之凡女士逛巴黎市场，偶然发现了一种银制发卡，制作年代是 1900 年，当时法国有一股崇尚东方文化的风潮，发卡的设计样式像白菊花，是日本人所喜爱的，当时很便宜。成女士一口气把巴黎小店出售的这种发卡统统买回来。这个举动当时使许多人感到奇怪。1973 年，巴黎有人发现了这种发卡的价值，到处去买。可是巴黎市场已没有货了，成女士囤积的这种发卡成了高价难求的宝物。

▲买断策略

日本有一家专门制造妇女针织品的公司，其获得了传奇性的发展。在高级服饰的行业中，这家公司的销售量最大。他们只负责筹划、设计，然后把服装样品交给厂商制造，再钉上本公司特有的商标，专由一家妇女用品商店销售。这似乎是一家靠创意赚钱的公司。

一位销售心理学专家曾访问过这家公司的董事长："你的公司为什么生意这么好，能赚这么多钱？"

董事长回答说："我也不知道为什么，好像在无意间就发展到这种程度。我们没有工厂，只管筹划、设计，由别人制造经销。没想到这些产品一推出，马上受到妇女的欢迎而抢购一空。不管生产多少，总是供不应求，的确不可思议。"

这位专家认为，这家公司的成功，并不在于委托产销的方式，而关键是一种"买断策略"。他们不把商品放到各大百货公司里去卖，只在专门商店定点销售，从而使人认为该公司所制的商品稀少，不到指定地点，就买不到他们的商品，于是趋之若鹜。当然设计创意的优秀也是重要因素。将这两条相加，便是他们的商品备受欢迎的原因。

夺人之气

【心理战术】

在经济竞争中，抓住对方当事人的心理弱点，视情况采取心理战术，使对手情绪失控而败于自己手下。

夺人之气战术的关键在于利益的得失，只有抓住对方利益所在，使其有遭受损失的可能，对方才会改变主张，作出利于己方的选择和让步。

【经典案例】

▲精明的印度画商

有一次，在一个印度人开的画廊里，一位美国画商正和一位印度老板讨价还价。当时，印度人的每幅画要价在 10～100 美元之间，而唯独美国人看中的 3 幅画，印度人每幅要价 250 美元。美国人对他的敲竹杠行为很不满意，不愿成交，岂料印度人气冲冲地把其中一幅画烧了。美国人眼看着自己喜爱的画被烧了，很心疼，问印度人剩下的两幅画愿出多少钱，印度人仍然坚持要每幅 250 美元，美国人仍不愿意买下，这时，印度人又烧了一幅画，酷爱收藏名人字画的美国人终于沉不住气了，他乞求印度人不要再烧最后一幅画，最后竟以 500 美元的高价买下了它。

▲打草以惊蛇

美国某航空公司要在纽约建立一座巨大的航空站，要求爱迪生电力公司按优惠价格供电。电力公司认为彼有求于我，己方占有主动地位，故意推说公共服务委员会不批准，不予合作。在此情况下，航空公司主动中止谈判，扬言自己建厂发电比依靠电力公司供电更合算。电力公司得知这一消息后，担心失去赚大钱的机会，立刻改变了态度，还托公共服务委员会前去说情，表示愿意以优惠的价格给航空公司供电。在这笔大交易中，处于不利地位的航空公司巧用打草惊蛇之计，不费吹灰之力，便达到了自己的目的。

抢先一步

【心理战术】

抓住人们"先入为主"的本能心理，抢先一步占领市场，抢先在人们心理植入品牌影响。

现代社会飞速发展，各种经济活动日新月异，经营领导者必须适应时代的高速度、高节奏，才不致从市场竞争的高速列车上跌落下来。不论你有多么宏伟的规划，也不论你有多么雄厚的资本和得天独厚的条件，如果你不知道珍惜时间，不去抢先，就会失去机会，失去优势。时间对于军队来说就是胜利，就是生命；对于商人和企业家来说，就是金钱，就是股份。快速收集信息、传递信息，快速更新产品，快速周转资金，快速投放市场，成为企业家取得成功的关键因素。

【经典案例】

▲承揽急需

我国东北某厂搞产品革新，急需一种塑料盖子。采购员在沈阳跑了很长时间，没有一家工厂愿意负责加工。采购员又跑到数千里以外的浙江，找到一家乡办小厂，对方当即承揽下了这个活儿，而且主动提出不收设计费、模具费等。采购员刚离开浙江8天时间，样品就寄到了东北，并征求用户意见。接着很快按要求如数完成了全部加工。就这样，这家乡办小厂获得了非常好的信誉和继续合作的机会。

▲快速配镜

配眼镜过去是很费时间的业务，这星期验光，下星期试戴，一拖就是10多天。1987年，北京王府井百货大楼与济宁光学仪器厂合作，开设了快速配镜店，经营"20分钟配1副眼镜"的服务项目。他们采用电脑验光，顾客经过试戴后，再等十几分钟，便可以取镜，这项业务大大方便了顾客。

▲领先一步，占尽风光

1992年3月，珠海市重奖科技人员，其中"丽珠得乐"冲剂的开发者获奖金110多万元。

"丽珠得乐"本应武汉人"乐"之。作为科技成果，它诞生在武汉，湖北省医药工业研究所 1983 年定题立项，1987 年完成制剂工艺研究，经专家鉴定具有 20 世纪 80 年代国际先进水平，获得卫生部批准的新药证书第一号，取名"迪乐"，在该所投入小批量生产。

"迪乐"问世后，引起了国内医药界的关注。武汉市先后有几家单位愿意购买此项技术，其中武汉一家药厂与医工所最早展开谈判。该厂 1989 年提出购买"迪乐"的生产技术。当时医工所急需一台制剂干燥设备，又苦于无资金渠道，决定谁提供这台设备，即可作为成果的合作研制者，获得生产权。围绕这台时价 3 万元人民币的设备，双方讨价还价，厂方决策人因内部意见不能统一，最后拂袖而去。

1990 年初，珠海市丽珠制药厂获得信息，厂领导追到武汉，当即与湖北医工所拍板成交，以 40 万元转让费和药品投产后优先购买医工所原料为条件，获得该药品的生产技术和新药证书，改名"丽珠得乐"，于当年年底正式投产。1991 年实现年产值 1.2 亿元，利税近 3000 万元。

▲路透社以快取胜

160 年前，当路透社创办时，它只是一个"新闻夫妻店"，和现今的规模不可同日而语。路透社的创始者虽不是英国人，但其发迹却是从英国开始的。

1850 年，路透夫妇来到伦敦，并于 10 月 14 日在两间租来的房间里宣布正式创办路透社。工作人员除了他们夫妇 2 人外，只有 1 名 12 岁的办事员。可见其规模小得可怜，其影响力也是微乎其微。如何打开局面，扩大影响，并最终获得公众对自己这家新闻社的认可呢？

当时正处在资本主义上升时期，资本活动、商业经营、金融事业正日益活跃并复杂化，各种各样的商业和金融信息日趋重要。路透夫妇看准了这一行情，利用英法海底电缆正式启用的有利时机，广泛收集和汇编各种商业、金融消息，以《路透社快讯》的形式发售给交易所、银行、股票商、投资公司、贸易公司等金融机构，由于它提供的消息及时、准确，因此颇受欢迎。

到 1852 年，它的《快讯》已在欧洲声名远扬。在此过程中，路透社逐渐形成了自己传播新闻的特征：快、新、准。1853 年俄土战争爆发，第二年扩大为克里米亚战争，路透社把它作为最重大的新闻加以发布并作了尽可能详尽的报道，使英国社会及时地了解到战争的情况。这些报道确立了路透社"快、新、准"的媒体形象。

1865年4月，美国总统林肯遇刺，路透社抢先全面地报道了这一重大消息。经过多年不懈地努力，路透社终于奠定了它在国际新闻报道中的重要地位。从此，它的影响力不断扩大，终于成为当今世界上几家最主要的新闻通讯社之一。

▲抢占市场高点

日本索尼公司创始人井深大和盛田昭夫，一开始就立志"率领时代新潮流"。一次偶然的机会，井深大的日本广播公司看见一台美国造的录音机，他便抢先买下了专利权，很快生产出日本第一台录音机。1952年，美国研制成功"晶体管"，井深大立即飞往美国进行考察，果断地买下这项专利，回国数周后便生产出全日本第一支晶体管，销路非常好。井深大并未满足，当其他厂家也转向生产晶体管时，他又成功地生产出世界上第一批"袖珍晶体管收音机"，使得索尼的新产品总是以迅雷不及掩耳之势独占市场制高点。

▲昂贵的纽扣

巴黎一家时装公司设计了一套最新潮的女装，但当地找不到色调合适的纽扣。为了样装上的一两粒纽扣，时装公司不惜破费比纽扣本身价格高几千倍的运费，要求驻科隆的某纽扣公司将指定规格的纽扣快运到巴黎。公司负责人是这样考虑的，时装式样变化极快，式样是决定售价的关键，生产成本只占货价极少的一部分。如果新式样服装一出台便走红，就会吸引千千万万男女争相抢购，那纽扣昂贵的快递运费和公司所得的高额利润相比，实在微不足道。

▲适应快速需求

为应付瞬息万变的国际市场形势，欧洲许多大公司都在特定的空运基地建立了产品仓库，每个空运基地都设有效率很高的航运快递公司。例如：在德国的科隆航空港，有一家澳大利亚人经营的快递公司。每天午夜以后，科隆机场正是灯火通明工作忙碌的时候，数百吨货物都被分门别类装入集装箱，准备凌晨由第一班飞机运往世界各地。大到一辆汽车，小至几个机器零部件都可办理快递业务。其优点是制造厂家不必在生产地点储存备用材料，从而可以节省仓库费用。如某汽车制造厂急需某种型号的汽缸，一封电报，招之即来。

先声夺人

【心理战术】

先声夺人就是以先下手为强的方式、造成强大声势、以威慑和压倒对方的心理手法。

【经典案例】

▲ "珠海"快捷的广告策略

说起上篇提到的胃药"丽珠得乐"，如今也可谓众所周知，可它的"娘家"并非珠海而是武汉。它的雏形最早由湖北省医药工业研究所于1987年研制成功，取名"迪乐"。占有地利之便的武汉制药业得信息之先，本欲捷足先登，却因诸多原因慢了半拍。恰在此时，珠海制药厂从一个来珠海打工的武汉人口中得知了这一迟到的信息，即派员从速赶往武汉，以优厚的条件获得生产技术和新药证书，马上借助广告大力宣传，竟后来居上。

投入批量生产后，一年产值就达1.2亿元，"丽珠得乐"4字似乎在向人们宣示："美丽的珠海得到了迪乐!"不久，武汉市某药厂与医工所达成协议，生产出"胃康得乐"，尽管也做了广告，但这时"丽珠得乐，给我欢乐"的广告词早令国人耳熟能详，留给"胃康得乐"的市场空间已然不大了。由此可见，广告策略重在"快捷"。

"丽珠得乐"的优势固然体现在投产早一步上，但广告宣传"未雨绸缪占先机"的策略运用也使其获益匪浅：照惯例，药品投产第一年一般是不赚钱的，他们却因时制宜，当年就聘请国家帆板队健壮的队员及著名的相声演员出任广告代言人（如今名人已禁止代言药品广告），广告费年投入相当大，从而收到了先声夺人的奇效，一举把地域上优于自己的竞争对手甩在了身后。

▲周荣兰的"快速广告"

安徽郎溪县定埠村的农家妇女周荣兰，曾在自家的堂屋中开了一次"新闻发布会"，向村里 20 多个贩粮农户发布了张家港米市粳米走俏的信息。周荣兰对市场的判断非常准确，她曾将 30 吨粳米运往张家港码头。她在掌握了米市行情之后，直奔当地电视台，做了一个"快速广告"，第二天一早，满满一船粳米便销售一空。

▲先发制人

1979 年 9 月，福建闽侯工艺厂厂长万冠华准备到贵阳参加全国旅游内销工艺品会议。傍晚，一个刚回厂的供销员拿来两条刚从外地买回来的进口镀金项链对厂长说："万厂长，这种货在国内很畅销。"万厂长仔细端详、分析，认为现在人们的思想比较解放，爱美之人越来越多，而市场上卖的都是进口货，国内可能还没有生产过。

于是，他马上安排生产组连夜加班，做出 10 条样品，赶在 10 月 3 日开会前带到了贵阳，用实物进行广告宣传。结果，在会上一下子订出 20 多万元的货。不久，他们又在其它两个专业会上，把实物向客户展示，结果又收获了价值 50 多万元的订单。这样前后只有半年多时间，仅项链一种产品，就做了 80 多万元的生意，打开了产品销路。

沉默不语

【心理战术】

有时，借助于沉默不语，反而产生奇妙的心理效果。同时，可以借助语境、眼神、表情来表示赞同或反对，展开心理攻势。

沉默，是一种智慧，是一种谋略，它是一种不发声的语言，是雄辩的一种辅助手段。它是通过语言环境，借助动作眼神、丰富的面部表情表示赞成或反对，从而影响对手的一种心理战术。

沉默是一种奇特的心理战术，它与语言手段巧妙配合，能起到单纯靠语言起不到的作用。如果双方僵持不下，你突然沉默，对方可能会因此而陷入不知所措的境地，最后不得不让步。这种手段先正合，后奇胜，正奇相生，出其不意，攻其不备，二者相辅相成，相映生辉。

【经典案例】

▲爱迪生卖发报机

美国科学家爱迪生发明发报机之后，因为不熟悉行情，不知道能卖多少钱，便与妻子商量，他妻子说："卖2万!"爱迪生说："2万? 太多了吧?"妻子说："我看肯定值2万，要不，你卖时先探探口气，让他先说。"

美国一位商人愿意买他的发明专利技术。在谈论时，这位商人问到货价，爱迪生总认为2万太高，不好意思说出口，于是沉默不答。商人耐不住了，说："那我说个价格吧，10万元，怎么样?"

这真出乎爱迪生的意料，他当场拍板成交。

爱迪生无意中用沉默取得了意外的效果。下面举一例，是自觉地应用沉默，取得出人意料的好效果的。

▲高价成交

一位印刷商得知另一家公司要购买他的一台旧印刷机，他感到非常高兴。经过仔细核算，他决定以250万出售，并想好了理由。

印刷商坐下谈判，内心一再叮嘱自己，要沉住气。于是，买主沉不住气了，开始滔滔不绝地对机器进行挑剔。

然而对这种压价术，印刷商仅报以淡淡一笑，仍然一言不发。这时买主终于按捺不住，从心理上败下阵来说："这样吧，我付350万元，但一个子儿也不能多给了。"350万比原来料想的要高得多，印刷商欣喜万分，一下子拍板成交。

▲不战为战

沉默的威力还在于它是以不战为战。刘伯温兵书《百战奇谋》介绍了一种战术叫"不战"，即以不战为战的屈人之法。该法认为，如果敌众我寡，敌强我弱，或是兵势有利于敌而不利于我，以及敌人远道而来，而粮食给养又畅通无阻，源源不断，我军就要以不战来控制主动权，使敌人无法与我交战，使其逐渐疲弱，等敌势发生变化，我军则寻机出击，一举获胜。所以刘伯温的"不战"乃是战，是一种心理战，一种疲劳战，一种迂回战。

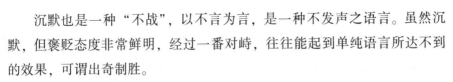

沉默也是一种"不战"，以不言为言，是一种不发声之语言。虽然沉默，但褒贬态度非常鲜明，经过一番对峙，往往能起到单纯语言所达不到的效果，可谓出奇制胜。

▲一位母亲的沉默教育

一次，一位母亲带着儿子与邻居的孩子上街，到了商店，母亲买了两包糖果，两个孩子每人1包，但儿子要两包，屡劝不听，还从邻居孩子手上抢，给他讲道理，他什么也听不进去，反而越吵越凶。

母亲干脆不理他，拉着邻居孩子的手往前走，他越哭越凶，连气也喘不过来，母亲虽然心疼，但还是没有理睬他。

过了一会儿，儿子觉得母亲不会妥协了，于是只得停止哭泣。这时母亲才心平气和地与他讲道理，说明为什么不答应他无理要求的原因，儿子也承认了错误。以后邻居的孩子再来，他就会拿出一半东西分给小伙伴。这位母亲用沉默代替责备，使孩子平静下来再进行教育，纠正了儿子的不良行为。

看来，这位母亲很会教育孩子，教而不言，效果也不错。在孩子大吵大闹之时，即使讲再多的道理，其效果也等于零，母亲却以沉默制服了吵闹中的孩子，这一方法十分奏效。

▲以沉默为战，还要善于耐心等待

有一次，玛丽安到商店去退货，柜台前挤满了顾客。玛丽安要求退货，售货员忙得不可开交，告诉她，售出的货物概不退换。然后又去为其他顾客服务，玛丽安仍然一声不响地拿着衣服在柜台前等候。

10分钟之后，售货员又走过来，玛丽安面带微笑，依旧等候着。售货员也只顾在柜台前忙碌，玛丽安还是沉默不语。又几分钟过去了，这时售货员什么也没有说，拿起衣服走了。大约3分钟后，她回来了，而且还带着钱。玛丽安的沉默和耐心得到了回报。

有人对沉默有这样的评价："沉默与精心设计的词语具有同样的表现力，就像音乐中的休止符和音符一样重要，沉默有时会产生完美的、和谐的、更强烈的效果。"沉默如同休止符，它和其他音符一样重要，这个比喻太美妙了。

沉默有人称之为"默语",是不言之言,这是因为人的感情态度除了用语言表达外,还可以用其他形式表达,比如通过前后的语言环境,通过手势、动作、眼神、面部表情来表达,这种不发声的语言,有时比单纯的语言效果更好。

小刘与妻子都是知书达理的人,但都自尊得要命,常常为一个问题各抒己见,针锋相对。有一次竟为一件小事争吵了起来。小刘心中十分懊恼,独自读书至深夜。次日一早醒来,只见案头放着一杯碧绿澄清的新茶。显然这是妻子无声地表示了歉意。小刘心头一热,举杯喝上一口,倍觉清香。前一天晚上的种种不快,已变成了深深的后悔和不安,赶紧起身帮妻子做早餐。

后来又一次发生摩擦,小刘也如法炮制,第二天提早起床,抢先为熟睡中的妻子泡了一杯她爱喝的咖啡茶。想不到这竟成了他们处理夫妻小误会、小摩擦的最佳方式。将彼此的歉意、谅解、柔情,全部注入到一杯香茶之中。他们将这茶称为"夫妻茶"。

家庭生活是一本丰富多彩的书,但是当夫妻产生了矛盾,如何化干戈为玉帛,"夫妻茶"为我们提供了一个很好的解决方式,以茶代言,借物赔情。一杯香茶,千言万语尽在其中,可以说此处无声胜有声。

谋略是为斗争服务的,它应该有崇高的目的,如果在是非斗争面前保持沉默,该旗帜鲜明时缄默不语,这种沉默,乃是懦夫的表现,是斗争性不强,立场不坚定的表现,是不足取的。这样不仅不利于解决问题,有时反而会助纣为虐。

因人施言

【心理战术】

因人施言,通俗地说,即对什么样的人说什么样的话,是根据不同的人的不同心理特点进行说服的心理战术。

要说服一个人,首先要弄清情况,摸准个性,包括这个人的兴趣、能力、气质和性格等，乱说一气，等于对牛弹琴。只有知己知彼才能针对不同对手，采取不同的辩说对策。不了解论敌就仓促应战，犹如对空放枪，不是自我暴露，就是授人以柄。

论辩家无不善于根据不同对象，确定说话的内容和方式。例如：知识高深的对手，对知识性辩题抱有极大兴趣，不屑听肤浅、通俗的话，应充分显示自己的博学多才，多作抽象推理，致力于各种问题之间的内在联系；文化水平低的对手，听不懂高深的理论，应多举明显事例；刚愎自用的对手，不宜循循善诱时，可以用激将法；好说大话的对手，不能用表里如一的话使他接受，不妨用诱兵之计；性格沉默的对手，要多引导他发言，不然你将在云里雾中；脾气急躁的对手，讨厌喋喋不休的长篇大论，用语须简要直接；思想顽固的对手，对他硬攻，容易造成僵局，形成顶牛之势，应看准他兴趣所在，适时转化。

【经典案例】

▲说话要让人理解

孔子带着他的弟子周游列国。有一回，他的马跑了，吃了农民的庄稼。那个农民十分愤怒，就把马扣下了。孔子的学生子贡去向农民求情，说了许多好话却没有把马取回来。孔子感叹地说："用别人不能理解的话去说服人，好比用最高级的牺牲——太牢去贡奉野兽，用最美妙的音乐——《九韶》去取悦飞鸟，有什么用呢？"于是他派养马的人前往。养马人对那个农民说："你不是在东海耕种，我也不是在西海旅行，我们既然碰到一起了，我的马怎么能不侵犯你的庄稼呢？"农民听了，十分痛快地解下马，还给了他。

▲同一提问，回答相反

有一天，孔子的学生子路问孔子："闻斯行诸？"意思是，听到了某个道理是不是马上要去实践呢？孔子回答说："有父亲哥哥在，怎么能不向他们请示就贸然行事呢？"

过了些天，孔子的另一个学生冉有也问了孔子同样的问题，孔子回答说："听到了当然要马上行动！"这两次谈话都被孔子的学生公西华听到了。公西华带着疑惑不解的心情问孔子："先生，子路问您听到了就行动吗？你回答说要征求父兄的意见；再有问您听到了就行动吗？您说听到了就马上行动。您的回答前后不一致，我弄不明白！"

孔了回答说："冉有办事畏缩犹豫，所以我鼓励他办事果断一些，叫他看准了马上就去办；而子路勇气过人，性子急躁，所以我得约束他一下，叫他凡事三思而行，征求父兄的意见。"公西华听到孔子的回答，茅塞顿开。

▲以真对真

在美国南北战争期间，有位姑娘找到林肯，要求总统开一张去南方的通行证。

林肯说："战争正在进行，你去南方干什么呢？"

姑娘说："去探亲。"

"那你一定是个北方派，你去劝说一下你的亲友们，让他们放下武器。"林肯高兴地说。

那姑娘说："不！我是个南方派，我要去鼓励他们，要他们坚持到底，绝不投降。"

林肯很不高兴："你来找我干吗？你以为我能给你通行证吗？"

姑娘沉着地说："总统先生，我在学校读书时，老师就给我们讲诚实的林肯的故事。从此，我便下定决心要学习林肯，一辈子不说谎。我不能为了一张通行证而改变自己说话、做事的习惯。"

林肯被姑娘诚挚的话打动了："好吧，我给你开一张。"说着，在一张卡片上写下了这样一行字："请让这位姑娘通行，因为她是一位信得过的姑娘。"

▲扣人心弦的发言

琼斯是芝加哥的一位富有的慈善家，他把大量的时间和金钱都奉献于心脏病学的研究，这是他最热心的一桩事业。当时，国会参议院的一个委员会正在就建立全国心脏病基金会的可能性进行调查，请琼斯到会作证。为了准备发言，琼斯请教了一些最优秀的专家。民间的心脏病研究组织配合他的工作，为他准备了递交给参议员们的呼吁书和翔实的文件。

当他带着准备好的发言材料去出席听证会时，他发现自己被安排在第6个发言作证，前5人都是著名的专家——医生、科学家及公共关系专家，这些人都终生从事这方面的工作。委员会对他们每个人的资格都一一加以盘问，还会突然问道："你的发言稿是谁写的?"然而，琼斯看出，缺乏医学专业知识的议员们对专家们的内容高深的演讲显然半信半疑。

轮到琼斯发言了，他走到议员们面前，对他们说："先生们，我准备了一篇发言稿，但我决定不用它了。因为，我怎么能同刚才已发表过高见的那几位杰出人物相比呢? 他们已向你们提供了所有的事实和论据，而我在这里，则是要为你们的切身利益而向你们作一个呼吁。你们是美国的精英，肩负重大的责任，决定美国的沉浮，现在你们正处于生命里最旺盛的时期，处于一生事业的顶峰，你们日夜为国家呕心沥血，工作十分紧张和辛劳。正因为如此，你们的心脏最有可能受到损害，你们最容易成为心脏病的首选侵害者。为了你们自己的健康，为了你们家庭中时常祈祷你们安康的妻子和儿女，为了千千万万个把你送进这个大厅的选民们，我呼吁和恳请你们对这个议案投赞成票!"

琼斯满怀激情，慷慨陈词，一口气谈了三刻钟，议员们被彻底地征服了。不久政府创办了全国心脏病基金会，琼斯成为首任会长。

▲动员跳水

当一艘船开始下沉时，几位来自不同国家的商人还在谈判，他们根本不知道将要发生什么事情。船长命令他的大副："去告诉这些人穿上救生衣跳到水里去。"

几分钟后大副回来报告："他们不往下跳。"

"你来接管这里，我去看看。"船长说。

一会儿船长回来说："他们全部都跳下去了。"

"您是怎样让他们跳的?"大副问道。

"我运用了心理学。我对英国人说，那是一项体育锻炼，于是他跳下去了; 我对法国人说，那是很潇洒的; 对德国人说那是命令; 对意大利人说，姑娘们都喜欢会跳水的人……于是，他们就一个个地跳了。"

"那您是怎么让美国人跳下去的呢?"

"我对他说，'你是被保过险的'。"

有 的 放 矢

【心理战术】

有的放矢术是针对目标有目的地进行说服的心理战术。

有的放矢，即看准靶心放箭，比喻说话做事有针对性，目标明确。成功的说辩必须对症下药，有的放矢，抓住说辩对象的思想症结，多角度、多侧面地晓之以理，才能收到放矢中的、药到病除的效果。

【经典案例】

▲刘睦自保

刘睦是东汉明帝刘庄的堂侄，从小好学上进，广交贤士，不好声色犬马。

有一年年底，他派一名官员去洛阳朝贺。临行前，他问这位官员说："皇帝如果问起我的情况，你怎样回答？"这位官员回答说："您忠孝仁慈，礼贤下士，深得百姓爱戴。臣虽然不才，怎敢不把这些如实禀告！"

刘睦听后，连连摇头说："你如果这样禀告，就把我给害了！你见了皇帝后，就说我自从承袭王爵以来，意志衰退，行动懒散，每天除了在王宫与嫔妃饮酒作乐，就是外出打猎游玩，对正业毫不在意。"

刘睦之所以故意贬斥自己是有原因的，因为在当时，宗室中凡是有些志向，或者广交朋友的，都容易引起朝廷的猜忌，弄不好就会招来杀身之祸。刘睦的这番话可谓有的放矢。

▲因机游说得冀州

袁绍起兵渤海郡讨伐董卓时，天下诸侯纷纷响应。公孙瓒也假借讨伐董卓之名，引兵进入冀州境内，欲袭杀冀州牧韩馥，吞并其地。为此，韩馥心中非常不安。

冀州地广人稠，物产丰富，袁绍早就有意夺之。他知道上述情况后，感到自己夺取冀州的机会到了。他一方面引军东进，靠近冀州境界，进一步威慑韩馥。另一方面趁韩馥惊慌失措、六神无主之机，寻找说客为自己游说韩馥。

说客是陈留的高干和颍川的荀谌，他们受袁绍之托去见韩馥，说："公孙瓒引燕代之众盛势南来，不可阻挡；袁绍引兵东奔冀州，不知其意。在这种情况下，我们觉得韩将军您太危险了！"

韩馥忙问："那么，我该怎么办呢？"

荀谌说："公孙瓒一人已是其锋不可挡，袁绍也是当世之豪杰。冀州作为天下的重地，二人都想夺取。如果他们二人合力攻城，恐怕城破之期立待可至。但袁绍是您的旧友，你们又曾同盟讨伐董卓，如果让我给您献计的话，我觉得您不如把冀州让与袁绍。袁绍得到冀州，公孙瓒便不能再与他相争，这样袁绍必然厚待于您。况且，如果您把冀州让与袁绍，还得到了让贤之名，这样，您也就没有性命之忧了。战则必败，让则名利兼收，因此，希望将军您莫再迟疑，赶快把冀州让与袁绍。"

韩馥素来胆小怕事，因而不顾手下们的反对，把冀州让给了袁绍。

▲ 梁毗哭金

梁毗是隋朝人，曾被贬为西宁州刺史。当时，西宁地区少数民族的酋长都以拥有金子作为财富的象征，谁家的金子多，就认为谁家很"肥"，别人就想方设法把他家的金子夺过来。但是，谁夺过去，谁就又"肥"了，其他酋长又来夺他。如此你攻我，我攻你，一年到头也不得安宁。梁毗曾张贴文告禁止这种斗夺，对一些抢劫者严加惩罚，但均不起作用，他深以为忧。

梁毗作为一州的刺史，各位酋长为了讨好他，一个接一个地给他送金子。于是他心生一计，请各位酋长赴宴。酒宴上，他叫人把送给他的金子端出来，放在旁边，不料他忽然对着金子大哭起来。各位酋长莫名其妙，又诚惶诚恐，不知如何是好。有一位胆子大的问道："莫非嫌我们送得太少了？"

梁毗使劲摇着头，边哭边说："此物饿了不能吃，冷了不能穿，你们却为了争夺它，互相攻打，互相残杀。现在你们把它送给我，有意让我'肥'起来，是不是想杀我呢？"

酋长们纷纷表示，绝无这个意思，完全是一片好意。梁毗又问："那你们之间为什么为它争来夺去呢？"酋长们你看看我，我看看你，谁也回答不出，个个脸上都有羞愧之色。

此时，梁毗站起来，亲自把各人赠送的金子放到各人的面前，说："这个我不要，你们还是各自带回去吧！"酋长们都像做错了事的孩子一样低下了头。

从此，他们再不为金子互相攻杀，隋文帝听到后很高兴，提拔梁毗当了高官。

▲挨"熊"都舒服

1949年9月，解放后首任上海市市长陈毅到北京参加政协会议、开国大典、军委会议……一下车，他就忙着会客去了。警卫员来到下榻的老北京饭店，走进陈设华丽的大客房，电钮一按，灯光明亮柔和；床上一坐，又松又软，好像掉进了棉花垛；龙头一扭，冷水热水哗哗往外流。警卫员想，首长进上海快半年了，忙得连上厕所都是小跑，这次能在这里舒舒服服住上一阵子，真太美了！刚把东西安顿好，陈毅同志来了。进门就嚷嚷："小鬼，快收拾东西，搬家，搬家！"说着就要自己动手。

"搬哪儿去？"警卫员不解地问。"搬进中南海。那可是皇帝老子住的地方哟！"陈毅打趣地说。

进中南海后，车子拐了几个弯，在一排陈旧的小平房前面停下了。这是什么皇帝老子住的地方啊！当时解放战争还未结束，中南海大部分房屋都未修缮，屋顶虽是黄色琉璃瓦的，屋里却仅有一盏昏黄的电灯，灰蒙蒙的屋角还有蜘蛛网。全部陈设只有一张大木床，一张旧木桌，两把放不平的椅子。屋里别说没有热水龙头，连凉水也要跑好远去接。

警卫员不情愿地把军用被子往床上一铺，问道："您把好房子让给哪位首长住了？"陈毅一边洗脚，一边漫不经心地回答："让给傅作义了。""傅作义……"警卫员很不解。"他是国民党的高级将领，也是来参加政协会议的，没地方住了。""什么？房子让给他！"警卫员又惊又恼，像是受了侮辱似的喊道，"这些人不杀就算便宜了，凭什么还给他好房子住？"

"你这个蠢人哟！"陈毅憋着笑说，"他光荣起义，使北平得以和平解放，贡献比你大得多嘞！人家平时住高楼洋房，现在叫他睡平房，他会觉得共产党对不起他，心里不舒坦嘛！我陈毅就不同了。不住大饭店住平房，

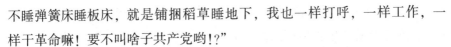

不睡弹簧床睡板床，就是铺捆稻草睡地下，我也一样打呼，一样工作，一样干革命嘛！要不叫啥子共产党哟！?"

警卫员是个聪明小伙子，陈老总这么一点拨，他就想通了。

陈毅给傅作义让房，并代表上海市委赠送给他两辆名牌小轿车的事很快传了出去，在部队中引起强烈不满。待陈毅回到上海，办公桌上已经堆了厚厚一叠信，都是对这件事提意见的。

怎么做这些老部下的思想工作呢？他召集了一个领导干部会议，往台上一站，就"骂"开了。

"同志们，我的老兄老弟们，要我陈毅怎么讲你们才懂啊！我陈毅不住北京饭店，照样上班，照样'骂人'！他可不一样了！你们知道不知道，傅先生在电台讲了半个小时话，长沙那边就起义了两个军，为我们减少了多大伤亡！让傅先生住了北京饭店，有了小汽车，他就会感到共产党是真心对朋友的。"他越讲越激动，用指节咚咚地敲着桌子，"我把北京饭店让给你住，再送给你10部小汽车，你能起义几个军？怎么不吭声呢！"

停了一会儿，他又心平气和地说："我们是共产党嘛，要有太平洋那样宽广的胸怀和气量，不要长一副周瑜的细肚肠啊。噢！依我看，要想把中国的事情办好，还是那句老话，团结的朋友越多，就越有希望！"

从会场里走出来，同志们感到一身轻松。用他们自己的话讲："挨了陈老总的'熊'，弄清了道理，'熊'得也舒服！"

巧创氛围

【心理战术】

巧创氛围术是借助环境和气氛对人的心理产生影响，进而说服对方的心理战术。

【经典案例】

▲杯弓蛇影

晋朝的乐广有位关系很亲密的朋友，朋友好久没有到他家中做客了。突然有一天，朋友来到乐广家。乐广问朋友："为什么隔这么久不来？"朋友病恹恹地回答："我上次到你家中做客，承蒙你给敬酒，我端起酒杯正要喝，忽然发现杯子里有条蛇，心里十分厌恶，但又不好对你直说。结果喝下去就病了，而且病得很重。"

乐广觉得有点纳闷，他反复琢磨也不得其解。这时，他向房间里巡视了一下，看见厅堂的墙壁上挂着一张角弓，弓上有用漆画成的蛇形花纹。乐广终于搞清楚了，客人所说的杯中"蛇"，就是墙上这张弓的影子。

为了治好朋友的病，乐广在上次宴请朋友的地方，完全恢复上次的布置和摆设，重新摆下酒席，一切依旧，然后叫客人入座，对客人说："你在酒杯里看见了什么没有？"客人回答："和上次看见的完全一样，酒杯里有蛇。"于是，乐广对客人说："这杯中的蛇，就是墙上弓的影子。"客人恍然大悟，病立即就好了。

▲苏沃洛夫训纨绔

18 世纪俄国杰出的军事家、俄军著名将领苏沃洛夫曾身经百战、骁勇无敌。苏沃洛夫虽出身于贵族世家，但他极为推崇那些经过艰苦磨难，凭自己真才实学脱颖而出的人，十分厌恶依仗家族权势趾高气扬、不学无术的纨绔公子。

有一次，上级指定一个出身高贵的彼得堡纨绔子弟到苏沃洛夫手下服役。这位花花公子一到部队，就径自去找苏沃洛夫。他穿着一套华贵的时装，浑身上下弥漫着一股香水味。他见到苏沃洛夫，还没说话就拿出一大包礼品送上作为见面礼，以期得到苏沃洛夫的好感。

苏沃洛夫一看见这种打扮、这种作风的阔少爷，气就不打一处来。在他的心目中，军人就该有军人气质，军人真正有价值的见面礼是他模范的品行和他的威武、勇敢、顽强和勤劳刻苦，而不是什么高级礼品。

苏沃洛夫决定教训一下这个公子哥，让他懂得什么是军队，什么是军人，一个军人应该是怎样的。苏沃洛夫面带笑容地请这位公子和他一起乘马驰骋。纨绔公子非常高兴，忙说："我去换件衣服，立刻就过来。"苏沃洛夫伸手拦住他："你现在是在执行任务，执行任务时哪儿有时间换衣服呢！上级要你走立即就得去。"

公子哥只好和苏沃洛夫上马，一直驰骋了许久许久。这位纨绔公子可倒了大霉，他那身质地华贵的丝绸衣服哪禁得住马背的厮磨？最后，他的裤子、袜子完全被撕成了碎片。苏沃洛夫就这样狠狠教训了浮华的纨绔子弟。

▲平息"骚乱"

1890 年，美国著名的幽默作家马克·吐温一行 21 人参加道奇夫人的家宴。不一会儿，就出现了在宴会上经常发生的情况：人人都在跟旁边的人谈话，而且逐渐地，嗓音越提越高，最后变成了拼命叫喊，好让对方听到。马克·吐温觉得，这像一场骚乱、一次起义，有伤大雅，太不文明了。如果这时大叫一声，叫人们安静下来，其结果肯定是惹人生气，甚至闹得不欢而散。怎么办呢？

马克·吐温心生一计，便对邻座的一位太太说："我要把这场骚乱镇压下去，我要让这场吵闹静下来。法子是您把头歪到我这边来，仿佛对我讲的话听得非常起劲，而我只用低声说话。这样，旁边的人因为听不到我说的话，就会一个个停下来。那时，除了我叽叽咕咕以外，什么声音都没有。"

接着，他就低声讲了起来："11 年前，我到芝加哥去参加欢迎格兰特的庆祝活动时，第一个晚上参加了盛大的宴会，到场的退伍军人有 600 人之多。坐在我旁边的是 X 先生。他耳朵很不灵便，他有聋子通常有的习惯，不会好好地说话，而是大声地吼叫。他有时候手拿刀叉沉思五六分钟，然后突然一声吼，会吓你一跳，直接跳出美国。"

说到这里，起义般闹哄哄的声音小下来了，并沿着长桌蔓延开去。马克·吐温用更轻的声音一本正经地讲下去——

"在 X 先生不作声时，我对面的一个人对他邻座讲着故事……我听到他说，'说时迟，那时快，他一把揪住了她的长头发，尖声叫唤，哀求着把她的脖子按在他的膝盖上，然后用剃刀可怕地猛然一划……'"

到这时候，马克·吐温的叽叽咕咕声已经达到了目的，餐厅里已一片寂静。

后来，每谈起这件事，马克·吐温都非常得意。他说："我看我一生中从来没有比这次更高兴的了。"因为他机智地创造了一种氛围征服了听众。

▲巧答质问

1956 年，在苏联共产党第二十次代表大会上，赫鲁晓夫作了"秘密报告",批判了斯大林肃反扩大化等一系列错误,引起苏联人及全世界各国的强烈反响,大家议论纷纷。

由于赫鲁晓夫曾经是斯大林非常器重的人,很多苏联人都怀有疑问:既然你早就认识到了斯大林的错误,那么为什么从来没有提出过不同意见?你当时干什么去了?你有没有参与这些错误行动?

有一次,在党的代表大会上,当赫鲁晓夫再次批判斯大林的错误时,有人从听众席上递上来一张条子。赫鲁晓夫打开一看,上面写着:"那时候你在哪里?"

这是一个非常尖锐的问题,赫鲁晓夫很难作出回答。但他又不能回避这个问题,让人觉得他没有勇气面对现实。他也知道,许多人对他有着同样的看法。更何况,这会儿台下成千双眼睛正盯着那张纸,等着他念出来。

赫鲁晓夫沉思了片刻,拿起条子,通过扩音器大声念了一遍条子的内容。然后望着台下,大声喊道:

"谁写的这张条子,请你马上从座位上站起来,走上台。"

没有人站起来,不知赫鲁晓夫要干什么。写条的人更是忐忑不安,心里想着一旦被查出来会有什么结局。

赫鲁晓夫又重复了一遍他的话,请写条子的人站出来。全场仍死一般的沉寂,大家都等着赫鲁晓夫的爆发。

几分钟过去了,赫鲁晓夫平静地说:"好吧,我告诉你,我当时就处在你现在的那个位置。"

面对着当众提出的尖锐问题,赫鲁晓夫不能不讲真话。但是,如果他直接承认"当时我没有胆量批评斯大林",势必会大大伤了自己的面子,也不合乎一个有权威的领导人的身份。于是赫鲁晓夫巧妙地即席创造出一个场面,借此含蓄地作出自己的回答,既不失自己的威望,也不让听众觉得他在文过饰非。同时还让所有在场者感到他是那么幽默风趣,平易近人。

▲美国教师教"蚯蚓"

这是美国某校的一堂自然常识课。

老师说这节上"蚯蚓"课，请同学们准备一张纸，上来取蚯蚓。同学们捏着纸片纷纷上讲台取蚯蚓。许多蚯蚓从纸片上滑落下来，学生们推桌子挪椅子地弯腰抓蚯蚓，整个教室顿时乱成一团，老师却一言不发，站在讲台旁观察。

同学们抓住了蚯蚓回到座位后，老师开始了第二个教学：请同学们仔细观察蚯蚓的外形有什么特征，看谁能把它的特点最后补充完整。经过片刻的观察，学生们踊跃举手。

学生：虽然看不见蚯蚓有足，但它会爬动。

学生：蚯蚓不是爬动而是蠕动。

老师：对。

学生：蚯蚓是环节动物，身上一圈一圈的。

老师：对。

学生：它身体贴着地面的部分是毛茸茸的。

老师：对，你观察得很仔细。

学生：老师，我刚才把蚯蚓放在嘴里尝了尝，有咸味。

老师：对。我很佩服你。

学生：老师，我用线把蚯蚓扎好后吞进了喉咙，过了一会儿我把它拉出来，它还在蠕动，说明它生命力很强。

此时老师的神情变得庄重起来，激动地说："完全正确！同时我还要赞扬你在求知过程中所表现出的这种勇敢行为和为科学献身的精神。同学，我远不如你！"

整个这堂课，由于教师巧妙地创造了一种求知、求实的氛围，收到了很好的效果。

把握分寸

【心理战术】

分寸就是心理上所能承受的尺度。世上的万事万物都有自己的度。因此，在说服对方时必须把握说话的分寸，也就是心理上所能承受的度。

【经典案例】

▲晏子婉转拒景公夜宴

齐景公正饮着酒，忽然让人把酒宴移到晏子家。景公的前导叩门说："国君到了！"晏子披着黑色朝服，站在门前说："莫非别的诸侯发难了吗？国家莫非出了什么事情吗？国君为什么不在白天而在夜里辱临寒舍呢？"齐景公说："我这儿有美酒和悦耳的音乐，想和您共享。"晏子回答说："布置宴席、摆放食具，是有专人伺奉君王的，下臣不敢参与其事。"

齐景公作为一个国君，夜里带着酒宴和乐队跑到大臣家里去作乐，确实荒唐之至。臣子如果接待了他就失去原则，不接待又有不恭之嫌。可是晏子却巧妙地拒绝了景公的无理要求，话讲得既严正又委婉，既坚持了原则，又给国君留了面子，分寸恰到好处。

▲广告要注意掌握分寸

1996年7月，中国以170人的庞大阵容首次参加被誉为广告界"奥运会"的第43届法国戛纳国际广告节，结果，69件参赛作品无一获奖。差距之大，结局之惨，无疑给了曾经自我感觉良好的中国广告人当头一棒。

1996年戛纳国际广告节评委会主席迈克尔·康拉德先生在评价中国的广告创作时说："含太多的讯息而不止于一，太多的噱头，太多的陈词滥调，太多的对话，太多的附加成分，太低估受众的智力，太多的科学内容和太少的热情。"可见，无论做什么，都要掌握分寸。

▲苏沃洛夫答问

有人问俄国杰出的军事家苏沃洛夫："在你看来，一个真正的英雄应该具有哪些品质？"苏沃洛夫回答了他17个"要"和17个"但是"：

要勇敢，但是不能急躁；

要行动迅速，但是不能轻举妄动；

要机灵，但是不能随心所欲；

要服从，但是不能卑躬屈膝；

要能统率，但是不要盛气凌人；

要做胜利者，但是不能贪图虚荣；

要气度高雅，但是不能骄傲自负；

要亲切和气，但是不能虚情假意；

要坚定，但是不能固执己见；

要谦虚，但是不能言过其实；

要招人喜欢，但是不能举止轻浮；

要博得别人赏识，但是不能玩弄权术；

要善于观察，但是不能诡计多端；

要坦率，但是不能疏忽大意；

要注意言辞，但是不能拐弯抹角；

要为人效劳，但是不能图谋私利；

要坚决果断，但是不能顽固不化。

红脸白脸

【心理战术】

红脸白脸术就是一个扮红脸一个扮白脸互相配合的一种心理战术。

双簧，曲艺的一种，一人表演动作，一人藏在背后或说或唱，互相配合。也用来比喻一方出面，一方背后操纵的活动。这种方法也常常运用到舌战之中。作为舌战的一种谋略，两个或两个以上的人，一个扮红脸，一个扮白脸，互相配合，互相借力，以此来说服对手。

双簧谋略往往是精心安排的"一台戏"，事先经过筹划，再分角色"演唱"。攻心时，一个使硬的，一个来软的；一个在动情上下功夫，一个在言理上下功夫；一个正面出击，一个旁敲侧击；一个强攻，一个软磨；对方在红脸白脸的夹攻之下，其防线会全面崩溃。

【经典案例】

▲一硬一软攻心术

在政治思想工作中，采用红脸白脸的心理战术，往往可以收到较好的效果。

某校特级教师老李曾与派出所的王同志一起用这种办法来教育和挽救了一名失足青年。张青是李老师的学生，绰号"座山雕"，他邻居家自行车和手表失窃，经调查张青有着重大嫌疑。派出所的王同志身穿警服，正襟危坐，十分严肃地问："叫什么名字？昨天下午3点50分上哪儿去了？为什么不上课？"又对他说，"我们已经掌握了情况，之所以还来找你，主要是给你一个机会。你们学校杨小山为什么判了5年，不仅仅在于他的罪行，还在于他态度恶劣，不争取宽大处理。"最后对张青说，"今天你在办公室先考虑一个上午，下午我们找你。"

王同志走后，李老师马上找张青谈心："你看，派出所的王同志为什么来学校找你？这是真正为了挽救你啊！你父母离婚，你妈为了养活你，晚上还要替别人缝衣服，你这样做，对得起你妈妈吗？现在你别急于把你做的坏事告诉我，先仔细想想，想通了，想明白了，再告诉我。我并不是要抓你的把柄。要想人不知，除非己莫为。我现在要的是你的真心，要真正地改过自新，而不是假的。如果要抓你，现在就不这样与你谈了。我有50多个学生，可唯独在你身上下了这么大功夫，为了什么？是要你真正改正错误，你可以对不起我，但不能对不起生你养你为你吃尽苦头的妈妈。"

李老师的一席话，使张青感动得热泪盈眶。

张青终于交代了偷窃自行车、手表的事，并表示要改过自新，重新做人。

李老师和派出所的王同志从不同侧面向张青展开攻心战。派出所王同志身着警服，义正辞严，显示了法律的严肃性和不可阻挡的威慑力。李老师的一番话侧重感情，从师生情、母子情展开攻心，这样一软一硬，恩威并施，终于攻破了失足青年的心理防线。

红脸白脸以不同角色同时做一个人的思想工作，这两种角色的互相配合，具有双重的综合教育功能。没有红脸，则缺失了情感因素；缺少白脸，则不具备足够的威慑力。只有红脸白脸巧妙配合，才能产生巨大的说服力。

红脸白脸相辅相成，能收到巧妙的说服效果，如果以白脸衬托红脸，有时也能起到绝佳效果。唐太宗临死前为了替儿子唐高宗安排一个忠臣，就扮了一次白脸，把忠于自己的贤臣李世绩贬到边远地区去，又吩咐儿子在即位后把李世绩召回京城予以重用，唐高宗即位后立即召回李世绩，并加以重用。唐太宗的白脸为唐高宗做了铺垫，李世绩十分感激唐高宗，"尽忠尽职"成为他的股肱之臣。

▲红脸白脸谈判术

红脸白脸在经济谈判中也很有作用，而且往往会收到好的效果。

红脸白脸策略，往往先由唱白脸的人登场。他傲慢无礼，苛刻无比，强硬僵死，让对手产生极大的反感。然后，唱红脸的人跟着出场，以合情合理的态度对待谈判对手，并巧妙地暗示，若谈判陷入僵局，那位"坏人"会再度登场。在这种情况下，谈判对手一方面由于不愿与那位"坏人"再度交手；另一方面迷惑于"好人"的礼遇而答应"好人"提出的要求。

美国富翁霍华·休斯生前曾为了大量采购飞机而亲自与飞机制造商的代表进行谈判。休斯要求在条约上写明他所提出的 34 项要求（其中的 11 项是没有退让余地的，但这一点未向对手宣布），双方各不相让，谈判中硝烟四起，矛盾迭出，终于发展到休斯被"踢"出谈判场地的局面。休斯后来派遣他的代表出面谈判，并告诉他的代表，只要争取到 11 项非得到不可的条件，他就会感到满意。该代表经过了一番谈判后，竟然争取到休斯所希望的 34 项要求中的 30 项（包括那 11 项）。当休斯问及该代表怎样取得如此巨大的胜利时，该代表回答道："那很简单，每当谈不拢时，我都问对方：'你到底希望与我解决这个问题，还是留待霍华·休斯跟你解决？'结果，对方无不接受我的要求！"

白脸的傲慢、苛刻、僵硬，这只不过是一种策略，一种手段，为红脸的谈判起到陪衬作用。红脸能轻易取胜，只是借力于白脸的反衬，红脸与白脸的巧妙配合才是取胜的关键。

▲唱双簧

唱双簧，往往是两个人合作的，但在实际生活中，往往由两个以上的人操作，分扮红脸白脸，因而其诱惑力也大，容易使人受骗上当。

某经销部一天接待了两位顾客，一个叫"李文昌"，一个叫"李小华"，他们一进门就找经理，拿出介绍信和工作证。他们摆出厂家的样品，声称推销各种规格的汽车螺帽，反反复复地强调产品质优价廉，而且是紧俏货。

几天之后，又有两家机电公司上门找经理，要求购买汽车螺帽，他们也拿出介绍信和工作证。

双簧这么一唱，此经销单位见有利可图，动了心，于是就分别和他们签署了供销合同。

签订合同那天，厂家又派出一个叫"李裕华"的股长，带着"李文昌"以前签好的合同找到经销部经理，他一本正经地批评那两位业务员不了解生产情况，没有请示就签了合同，因为产品刚脱销，无货供应，并表示愿意赔偿损失。经销部见对方如此信守合同，也就放心了。

就在经销部和厂家商量对策之时，两家机电公司从南昌打来急电，称汇票已办妥，要求提货。经销部在厂家和公司的引诱和催逼下，终于在需方未付款的情况下向厂方付款进货，最后，机电公司无人取货，经销部买下了一大堆滞销货。

这出双簧是由厂方和"公司"合演的，使经销部损失惨重。

唱双簧谋略因为有红脸白脸互相衬托，其说服力大，诱惑力大，这里也有个立场原则问题，上述这出双簧则是一场诈骗剧，是损人利己的。

唱双簧要成功，红脸白脸都要演得真，如果让人看出破绽，其效果就没了。而且若要此谋略成功，往往需对方是缺乏经验之人，或有求于你的人。如果对方有一定经验，是不会轻易上当的，用谋者要注意这一点。

 "卖关子"

【心理战术】

把对方的胃口吊足，直到如饥似渴的程度，再让对方接受自己的观点。

"卖关子"，文艺用语，指说书人说长篇故事，说到重要关节处停止，借以吸引听众接着听下去所采用的一种方法。"卖关子"是激发对方需求的一种心理战术。

需求是人对满足个人生活和从事社会活动所需条件的渴求和力求进行的心理趋势，是激励人去行动并达到一定目的的内驱力。美国卓有成效的演说家、谈判老手尼尔伦伯格认为："预测需求和满足需求，是我们要讨论的谈判方法和核心问题。""谈判的每一方，都有其希望得到满足的各种直接和间接的需求。考虑到对方的需求，谈判就可能取得成功，忽视这些需求，把谈判当做一场一方全赢、另一方全输的棋赛，结果双方都将遭到失败。"尼尔伦伯格谈的"需求"在谈判中的价值，同样也适用于舌战的所有范围。

【经典案例】

▲范雎上书秦昭王

为了说服对方，一些外交家、谈判专家不仅重视注意发现对方的需求，满足对方的需求，而且还善于激发对方的需求。

秦国丞相范雎，是"远交近攻"外交谋略的提出者和执行者，由于他的外交谋略，秦国在外交上、军事上连连得胜。范雎原来只是魏国大夫顺贾的家臣，后来因间谍嫌疑而被捕，逃出监狱后投奔秦王。范雎虽有文韬武略，却始终无法谒见秦昭王，但是他不愧为出色的谋略家，终于脱颖而出，他采用的就是"卖关子"的方法。

范雎上书秦昭王，他的奏章中大部分没有什么重要内容，只是卖了个关子："至于其他深入的问题，我也不敢直接写在书面上……我希望您无论如何都要听听我的意见，我的话完全是为您着想的。"

那时的秦昭王，虽然在位 36 年，但是他只是个傀儡，凡事由宣太后和叔父穰侯裁决，对此，秦昭王也是心有不甘的，秦昭王看了范雎的上书，就急于召见范雎。

秦昭王越是急于召见范雎，范雎越是卖关子，当然还有安全方面的考虑。

范雎拜见秦昭王，他来到离宫外，却遭到宦官的阻拦："回去，大王在宫里，不准随便进入。"范雎说："秦国有大王吗？不是只有太后和穰侯吗?"昭王在屋里听到范雎的话，于是他急忙召范雎进去，非常诚恳地说："其实我早就想和先生见面，只因忙于解决义渠国的问题，且必须早晚向太后请示才拖延至今……请先生赐教。"

秦昭王越是急于求教，范雎越是显得不慌不忙。他先示意屏退左右，然后只说了两个字："是，是。"接下去便是沉默。

不久，昭王再次请教范雎，范雎仍然只是回答："是，是。"接着又是沉默，如此反复 3 次。

秦昭王被范雎吊胃口吊得都有些按捺不住了，他再次急迫地请求："有何赐教，请先生明示。"

范雎这才真正回答秦昭王的垂询。他从外交到内政，最后谈到肃清宣太后和穰侯势力的问题。从此范雎得到了秦昭王的重用，他提出的建议也常常为秦昭王所采用。

需求的驱动力与需求的重要与否有关，又与需求的激发程度的大小有关。倘若有需求但并不把它激发出来，内驱力仍然等于零。范雎接受秦昭王的垂询，先是揭示需求，接下来却含而不宣，足足吊了 3 次胃口。这样卖关子，真把秦昭王的胃口吊起来了，直到如饥似渴的程度，范雎这才侃侃而谈，难怪秦昭王对范雎的话言听计从。

▲陈毅拜见齐仰之

卖关子要处理好"揭"和"吊"的关系。

所谓"揭"就是先揭示需求，使对方了解需求，明白需求的重要性。接下来就要"吊"，一直要吊到对方如饥似渴的程度，如此内驱力就被充分激发出来了。请看下例：话剧《陈毅市长》中，陈毅夜访化学家齐仰之，看到门上贴着"闲谈小过 3 分钟"的告示，灵机一动，巧用"卖关子"策略，破了老先生的惯例。

陈毅："我以为，齐先生虽是海内外闻名的化学家，可是有一门化学，齐先生也许还一窍不通。"

齐仰之："什么！我齐仰之研究了化学 40 余年。虽然生性驽钝，建树不多，但凡是化学，不才总还是略有所知。"

陈毅："不，齐先生对这门化学确实一无所知。"

齐仰之（不悦）："那倒要请教，敢问是哪门化学，是否无机化学？"

陈毅："不是。"

齐仰之："有机化学？"

陈毅："非也！"

齐仰之："医药化学？"

陈毅："亦不是。"

齐仰之："生物化学?"

陈毅："更不是。"

齐仰之："这就怪了，那我的无知究竟何在?"

陈毅："齐先生想知道?"

齐仰之："极盼赐教。"

陈毅："（看表）哎呀呀，3 分钟已到，改日再来奉告。"

齐仰之："话没说完，怎么好走?"

陈毅："闲谈不是不能超过 3 分钟么?"

齐仰之："这……可以延长片刻。"

陈毅："说来话长，片刻之间，难以尽意，还是改日再来，改日再来!"

陈毅站起，假意要走，齐仰之急忙拦住。

齐仰之："不、不、不，请陈市长尽情尽意言之，不受 3 分钟之限。"

陈毅："要不得，要不得，齐先生是从不破例的。"

齐仰之："今日可以破此一例。"

陈毅："可以破此一例?"

齐仰之："学者以无知为最大耻辱，我一定要问问明白。"

陈毅市长把"卖关子"用得极妙，先揭示需求，说齐仰之"有一门化学也许还一窍不通"。维护自尊，是人的基本需求之一，齐仰之以无知为耻，这就揭示了需求，接下来就"吊"，一直吊到他自己迫不及待地宣布破例为止。

"卖关子"其实就是诱敌上当的一种手段。它的特点是以假动作故弄玄虚，使人产生错觉，从而达到自己的目的。

逆反心理

【心理战术】

逆反术是一种巧用逆反心理而达到说服目的的心理战术。对某一事物褒贬过头，其结果往往适得其反。具体地说，对某一事物你越是想否定它，别人则越是想了解它，越是想找着理由加以肯定；反过来，对某一事物你越是过分赞美，别人则越是要否定它，找出理由来加以挑剔。这便是心理学上所谓的逆反心理。心理学认为，"当人们对某一事物的意识遭到抑制和否定时，才能明显地显示出来"。

心理学家詹姆斯·鲁宾逊说过："我们往往有这样的习惯，如果感觉到不怎么大的抵抗，就很想改变自己的想法。但是如果被人指责自己的错误，就很容易引起不满，而且变得更加固执。人都有逆反心理，如果对他的欲望禁止得越严厉，他实现其欲望的信念就越强。"因此，灵活地运用这种心理倾向，往往可以使顽固的反对派来个180度的大转弯。这便是逆反法谋略的原理和价值。

▲本来不想参加的，结果偏要抢着参加

某语文教师很着急，他教的学生作文成绩不太好，于是他决定下午上完课后全班同学留下补课，他请来班主任老师助阵，竭力地说明补课的重要性、学习语文的重要性，他声嘶力竭地说："学习语文十分重要，第一……第二……必须全班留下补课，谁要是不来补课，第……第二……"

总之，该说的都说了，该做的都做了，但是见效不大，逃课的人越来越多。怎么办呢？他终于想出了一个办法。

他决定成立语文提高班，规定这个语文提高班第一期只招10名学生，而且必须交5元的学费，入班须严格按条件录取，不会照顾任何人。这个消息一宣布，语文办公室门庭若市，学生抢着报名，有些学生怕进不了这个学习班，还请来家长帮着说情。

同样一件事，同一个老师，做法不同，客观效果就大不相同。你竭力地要学生们参加语文补课班，学生们却竭力不来参加；相反，你竭力地压制他们的欲望，他们却要想方设法参加。

▲逆向推销

利用逆反心理来推销商品，常常可以得到意想不到的结果。一般广告都是全力鼓吹产品质量如何好，如何"誉满全球"，这些话吹多了，人们也就听腻了。有个个体户却利用逆反心理来推销商品。这位个体户到常州人民广播电台花钱做了一次广告。他不是为了推销商品，而是为了寻找一位在该店买了劣质皮鞋的顾客。

一般人到个体户买东西，多持怀疑态度，害怕上当受骗，而这位个体户不吹嘘自己的商品质量如何优良，而是主动在电台为不慎出售劣质皮鞋的经营行为承担责任，使自己诚实无欺的商人形象树立在消费者心中，因而这则广告扫除了消费者心理上的障碍，大大提高了这家皮鞋店的声誉，销售量也大为增加。

瑞士的一家钟表店门庭冷落，生意不太景气。一天，店主贴出了一张广告：本店有一批手表，走时不太准确，24 小时慢 24 秒，望君慎重择表。广告贴出之后，该店门庭若市，生意兴隆，不多时就销完了积压的手表。

逆反心理就是这样巧妙，你对某一事物宣传过头，旁人都会认为你在吹牛，殊不知有了这种印象，他就会持怀疑态度，对你百般挑剔；而你如果自己否认自己，别人则说你是谦虚，是诚实，他也会反过来帮你说话，想出理由加以肯定。

▲强加于人，不如借用逆反心理

日本心理学家介绍过这样的例子：有人为了拍摄各种人的脸谱，想出了一个办法：在一堵并没有什么奇特之处的墙上开了个洞，洞也没有什么引人之处，但在洞的旁边贴上一张纸，上面写着："不准往里看。"结果，十有八九的行人都忍不住往里边看上两眼，拍摄者隐藏在暗处把过往行人各种各样的表情都拍摄了下来，得到了众多的"脸谱"。

▲止之，不妨装作纵之

逆反心理往往反常用兵，这种独特的形式往往采用欲擒故纵的手法。某教师曾介绍过这样一个有趣的故事：有一天两个学生打架，旁边自然也有不少劝架的人，但越劝这两个学生打得就越厉害。可是有个老师却站了出来，说："你们嚷什么！站在旁边看着当纠察，让他们打，我倒要看看谁厉害，谁英雄！"

说完，他就装着若无其事的样子站在旁边悠闲地抽烟，观看"打架表演"，奇怪的是，这两个学生却停下来不打架了。

逆反心理是一种心理现象，一种客观存在的心理规律，正确巧妙地运用逆反心理，往往会收到意想不到的效果。

辞胜篇

以理服人

【心理战术】

运用普遍认可的道理和逻辑力量进行说服的心理战术。

辩说的力量来自不可战胜的逻辑力量，辩说固然也要讲究辞采，但主要靠严密的逻辑来说服人；辩说固然离不开以情感人，但主要是靠以理服人。既要有鲜明的论点，又要有充分而又必要的论据，有理有据，无懈可击，才具有不可辩驳的逻辑力量。就事论事，讲不出道理；泛泛而谈，说不透道理，是不可能使人口服心服的。

【经典案例】

▲孙明谏赵简子

赵简子的家臣尹铎奉命去治理晋阳。尹铎由晋阳来到晋国国都新绛，向赵简子述职。简子说："去把那些营垒拆平。我将到晋阳去，如果去了看见这些营垒，这就像看见中行寅和范吉射率领军队将我困在晋阳一样。"

尹铎回到晋阳后，不但没削平营垒，反倒把营垒增高了。简子到了晋阳，望见军营的高墙，生气地说："哼！尹铎欺骗我！"于是住在郊外，要派人把尹铎杀掉。

赵简子的家臣孙明进谏说："据我私下暗查，尹铎是该奖赏的。尹铎是想告诉您：处于享乐之中就会恣意放纵，遇见忧患之事就会励精图治，这是人之常理，如今您见到营垒就会想到忧患，有利于国家和君主的事，即使加倍获罪，尹铎也愿意去做。其实，顺从命令以取得君主的愉悦，一般人都能做到，又何况尹铎呢！希望您好好考虑一下。"简子说："如果没有你这一番话，我险些犯了大错。"于是赏赐了尹铎。

▲贾诩说张绣归曹

官渡之战时，袁绍派人见张绣，希望与张绣结盟，共击曹操。

使者到了，张绣想要答应，这时，贾诩冒充张绣，坐在张绣的座位上对袁绍的使者说："你回去告诉袁绍，自家兄弟都不能相容，难道还能容纳天下的国土吗？"张绣大惊，偷偷地对贾诩说："你怎么能这样做呢？"贾诩说："不如归顺曹操。"张绣说："袁绍强而曹操弱，我又与曹操有仇，归顺他能行吗？"

贾诩说："正因如此，就更应该归顺曹操。曹操挟天子以令诸侯，这是归顺他的第一个原因。袁绍势强，我们以这点兵力归顺，肯定不会被他重视；曹操兵少，能得到我军肯定非常高兴，这是应该归顺他的第二个原因。曹操有王霸之志，而有王霸之志的人，肯定会释私仇，以明德于天下，这是应该归顺他的第三个原因。希望将军您别再犹豫了。"张绣听了贾诩的分析，心悦诚服，便率众归顺了曹操。果然如贾诩所言，张绣到后，曹操与他把手欢宴，并结成儿女亲家，待之甚厚，后封破羌将军，死谥定侯。

▲小贝利的抉择

世界球王——巴西足球运动员贝利，自幼酷爱足球运动，并显示出超人的才华。

一次，小贝利参加了一场激烈的足球赛，休息时，他向小伙伴要了一支烟解乏，不巧，被父亲看到了。

晚上，小贝利红着脸，低下了头，准备接受父亲的训斥。但是，父亲并没有这样做，他语重心长地对贝利说："孩子，你踢球有几分天资，也许将来会有些出息。可惜，你现在开始抽烟了，抽烟会损坏身体，使你在比赛时发挥不出应有的水平。作为父亲，我有责任教育你向好的方面努力，也有责任制止你的不良行为。但是，是向好的方向努力，还是向坏的方面滑坡，主要还取决于你自己。因此，我要问问你，你是愿意抽烟呢？还是愿意做个有出息的运动员呢？你懂事了，自己选择吧！"说着，父亲从口袋里掏出一沓钞票，递给贝利，说道："如果你不愿意做个有出息的运动员，执意要抽烟的话，你就拿这些钱去买烟吧！"说完父亲走了出去。

小贝利望着父亲远去的背影，仔细地回想着父亲那深沉而又恳切的话语，他不由得哭出声来。过了好一阵，他止住了哭声，拿起桌上的钞票，还给了父亲："爸爸，我再也不抽烟了，我一定要当一个有出息的运动员！"从此，贝利刻苦训练，球艺飞速提高，15岁参加桑托斯职业足球队，16岁进入巴西国家队，并为巴西队永久占有"女神杯"立下奇功。如今，贝利已成为功成名就的富翁，但他仍然不抽烟。

引经据典

【心理战术】

利用人们信服经典名言的心理进行说服的战术。

典故、名言、名句都是传统文化的精粹，蕴蓄着丰富的思想内涵，有着以一当十的威力。辩说者引经据典如能恰到好处，自然能加重论辩的分量，赢得心理的优势。

【经典案例】

▲温人之周

一个温地人去东周都城，周人不准他进去，问他："你是外人吧？"温人回答道："我是这儿的主人。"可是问他所住的街巷，他却说不上来。东周官吏就把他囚禁起来了。

东周国君派人问他："你是外地人，却自称是周人，这是什么道理？"他回答说："我小时候就读《诗经》，《诗经》里说：'普天之下，没有哪里不是天子的土地；四海之内，没有哪个不是天子的臣民。'现在周天子统治天下，我就是天子的臣民，怎么是周都的外来人呢？所以说我是这儿的主人。"东周国君听了，就命令官吏释放了他。

▲子产告范宣子轻财

当晋国称霸中原时，晋国由正卿范宣子执政。范宣子要求诸侯朝见晋君时应交纳大量的贡品，郑国人对此感到为难。二月，郑伯赴晋朝见晋君，郑相子产托子西带一封书信，告诉范宣子说："你治理晋国，四邻诸侯没有听说你的美德，却听说你加重了诸侯的贡品负担，我对此感到困惑。我听说，君子为一国之长或一家之长，不担心没有财货，只怕没有好名声。如果您把诸侯的财货聚集到晋国公室，诸侯就会与您离心离德。如果您敛财为己谋利，晋国内部就会离心离德。诸侯离心，晋国就会毁败；晋国内部离心，你的家就会毁败。你为什么还不明白呢！要那么多财货干什么呢？"

"美好的名声，好比是装载品德的车子；品德，才是国和家存在的基础。有了这样的基础才不致使国和家毁败。您不是应该在这件事上努力吗？有道德就会快乐，快乐就能长久。《诗》里说：'陕乐啊君子，是国和家的基石。'这是希望君子有美好的品德啊！《诗》里又说：'上天在监视着你，不要三心二意。'这是希望君子有美好的名声啊！由己及人，反躬自思以形成美德，那么美名之车就能装载着德行去四方传播。只有这样，远方的诸侯才会来朝见晋国，邻近的诸侯才感到安心。究竟愿让人对你说'是你养活我'，还是愿意让人对你说'你靠榨取我而活着'呢？大象长有象牙却毁了自身，就是因为象牙是贵重的财物呀。"

宣子读了信很高兴，于是减轻了诸侯向晋国交纳贡品的负担。

▲傅玄为马钧辩护

魏末晋初，中国出了个大发明家，他革新纺织机，制成指南车和连弩机等，他就是马钧。然而昏聩的当权者鄙薄科学技术，不承认马钧是个人才，连著名的地图学家、文学家裴秀，也带头嘲笑马钧。他找马钧辩论，心灵口拙的马钧，几次被裴秀辩得张口结舌。

见到这情景，傅玄愤愤不平，他找到了裴秀说："你所擅长的是讲话，但是你所短的是技巧。马钧的所长是技巧，所短是辩才，你用你的所长，攻击马钧的所短，当然马钧会负于你。但是，反过来，你用你的所短，与马钧的所长较量，你也会负于马钧。技巧是很精深细微的事，马钧发明了器械，但是不能完全说出道理来，再加上口才不济，你却诘难不止，这绝非大丈夫所为！"裴秀被驳得羞愧地低下了头。

接着，傅玄又来见安乡侯曹羲。谁知曹羲也跟着裴秀否定马钧是个人才。傅玄不得不跟他说理，他对曹羲说："圣人选取人才，不限于一种尺度，有的以精神为尺度，有的以语言为尺度，有的以办事为尺度。比如：孔子的学生就各有所长，德行好的有颜渊等；口才好的有宰我、子贡；政治才能突出的有冉有、季路；文学才能杰出的有子游、子夏。虽然圣人精通事理，但也不敢自称是全才。如若问文学方面的事情，就只能去找子游、子夏。孔子是圣人，尚且如此，何况一般人呢？如今马钧创造的机械很有用处。但是，裴秀却以马钧的口拙加以嘲笑，抓住马钧一些话语上的漏洞而否定他！"

讲到这里，傅玄气愤地说："裴秀率先否定马钧，这并不奇怪。同行相妒，文人相轻。许多心地狭窄的人都有这个毛病，把美玉诬为石头，这就是过去楚国的卞和抱着璞玉痛哭的原因啊！"

曹羲大悟，承认否定马钧没有道理，并用傅玄之前说过的话去说服武安侯。

▲托古改制

19世纪末，帝国主义列强掀起了瓜分中国的狂潮，中华民族面临着空前严重的民族危机。中国的仁人志士，以康有为、梁启超为代表的维新派发起了以救亡图存为目的的戊戌变法运动。

当时，清政府内部的封建顽固派势力以慈禧太后为后台，以"天不变，道亦不变"的传统哲学观点为理论依据，搬出儒家"敬天法祖"的陈腐教条，坚持"祖宗之法不可变"，否则，会天下大乱。有的顽固派大臣甚至说："宁可亡国，不可变法。"康有为等的变法维新面临着极大的社会阻力与政治压力。

为减轻这种阻力与压力，康有为采取了托古改制的谋略。康有为在变法前撰写了一本书，叫《孔子改制考》。这本书说，中国的上古时代没有书籍，没有可靠的文字记述。因此人们对上古社会的实际情况并不了解。但人们又普遍具有一种"荣古而虐今，贱近而贵远"的一味迷信上古的心理。春秋时期，礼崩乐坏，社会动荡，诸子百家包括孔子在内，纷纷利用人们的这种厚古薄今心理，把自己理想中的社会政治制度视为在上古曾经施行过的最美好的社会制度，借此争取人们对自己政治学说的信仰与认可。中

国历史上并不一定有尧、舜、文王、武王等圣王，这些上古圣王皆是孔子为改造当时的社会而制造的托古对象。

《孔子改制考》就学术考证而言，有许多地方是牵强附会和错误的，但康有为的主要意图不在学术而在政治，他说："如果公开倡言变法改制，必会遭人诅咒。因此，不如假托于古代圣王，这样，既不使人感到惊恐，自己也可免遭不测之祸。"因此，就历史事实来看，不是孔子托尧、舜、文王、武王之古以改制，而是康有为将几千年来历代统治阶级最尊崇的孔子打扮成改制维新的祖师爷，是康有为为减轻顽固派的攻击力度，而托孔子之古以改清王朝之制的政治谋略。

康有为不但要托孔子之古，而且还要托清帝先王之古以改制，他说："我世祖章皇帝（福临顺治帝）何尝不变太宗文皇帝（皇太极崇德帝）之法哉？若使仍以八贝勒旧法为治，则我圣清岂能久安长治乎？"康有为等还以清王朝入主中原后"变服色"、"变文字"、"变历法"、"变役法"、"变赋法"、"变刑法"等事实，论证清朝的先帝圣祖也是不断变法改革的，还说假若康熙帝和雍正帝生活在当今的社会条件下，他们的变法决心与效果，一定不在俄国的彼得大帝、德国的威廉一世、日本的睦仁天皇之下。

在康有为等人的宣传鼓动之下，在中国终于发动了一场轰轰烈烈的维新变法运动。

▲以《中山文集》为据

1938年春，国民政府军事委员会实行改组后，建立了军事委员会政治部，陈诚为部长，周恩来为副部长，郭沫若为第三厅厅长。李宗仁将军指挥的台儿庄战役取得胜利后，三厅为进一步激发全国人民的抗战热情，立即编了一本《抗战将军李宗仁》的小册子。

可是，由于国民党内部派系斗争的原因，陈诚竟命令不准散发，并借题发挥，专门发了个训令，声称："近查三厅所印各种宣传文件中，每有'人民'、'祖国'、'岗位'等字样，此等文字殊不妥贴。'人民'应一律改用'国民'，'祖国'改用'国家'，'岗位'改用'职位'。以后凡有对外文件，须经呈部核准之后再行印发。"

郭沫若为使这本宣传抗战、鼓舞士气的小册子顺利同广大读者见面，便向陈诚等提出质问："查中山先生生前文章已屡见'人民'与'祖国'等字样。是否亦应一律改用'国民,与'国家'?"时时标榜自己为中山先生"信徒"的陈诚等人被责问得哑口无言,对那个"训令"的无端指责,也就不攻自破了。

比长较短

【心理战术】

通过比较来说服对方的心理战术。

"权然后知轻重。"人们认识评价一个事物,总要有个客观标准,而这个标准不是凭空确定的,而是要通过比较。有比较才有鉴别,不怕不识货,只怕货比货,正如鲁迅所说:比较是医治受骗的好方子。在论辩中比长较短,正是以这种认识规律为基础的。因此这种论辩方法具有很强的说服力,为一般人所常用。

比长较短在运用中有两种情况:一种是选择相反或相对的事物作比较,即对比法;另一种是选择相同的事物作比较,即比较法。

【经典案例】

▲苏秦说楚王合纵

苏秦为联合六国抗秦,已说服了5个国家的君主,楚威王是他6国之行最后需要说服的对象。他对楚威王说:"楚国是天下的强国,大王是天下贤明的君主。楚国西面有黔中、巫郡,东面有夏州、海阳,南面有洞庭、苍梧,北面有陉塞、郇阳。国土纵横5000多里,雄兵上百万,战车千辆,战马千匹,粮食可支持10年,这是建立霸主基业的资本。凭着楚国的强大和大王的贤明,天下没有谁能抵挡的。现在您竟要投靠西方去侍奉秦国,那么其他国家就没有不倒向西方,跑到章台之下去朝拜秦王的了。"

"秦国最大的对手是楚国。楚国强大,秦国就弱小;秦国强大,楚国就弱小。双方矛盾尖锐,不能同时并存。所以我替大王谋划,不如建立六国联盟,合纵亲善,以孤立秦国。大王如果不合纵亲善,秦国必然会出动两支军队,一支从武关杀出,一支直下黔中,那么楚国鄢、郢一带的局势就不稳了。"

"我听说治国要趁它还没有发生乱子的时候下手，做事要趁它还没有定性的时候做起。祸患临头，才去忧虑它，就来不及了。所以希望大王及早仔细地考虑这个问题。"

"大王如果能够听从我的意见，我愿号令崤山之东的各国向您贡献四时的礼物，接受大王英明的指示，把国家委托给您，把王族的命运交给您，训练好士兵，修造好武器，听凭大王指挥调遣。您如果能采用我的计谋，那么韩、魏、齐、燕、赵、卫等国美妙的音乐和艳丽的女人，一定会充塞您的后宫；燕国、代地的骆驼、良马，一定会充满您的畜圈。须知，合纵成功，就能让楚国称霸；连横得逞，就会使秦国称帝。现在您放弃霸主的事业，甘愿蒙羞侍奉他人，我私下认为大王这种做法不可取。"

楚王听了苏秦对利害的剖析，终于决心合纵。于是苏秦做了合纵联盟的盟长，同时担任了 6 国的相国。

▲魏敬说魏王不入秦

战国时，秦臣许绾欺骗魏王，说秦昭王将要称帝于天下，魏王听后急着要去朝拜秦王。

魏臣魏敬对魏王说："拿魏国境内黄河以北地区和我国的国都大梁比，哪一个重要？"魏王说："大梁重要。"魏敬又说："大梁跟您自身比，哪一个重要？"魏王说："自身重要。"魏敬又说："假如秦国索取黄河以北，那么您将给它吗？"魏王说："不给它。"魏敬又说："魏国黄河以北地区在三者之中为下等，您自身在三者之中占为上等。秦国索取最下等的，您不答应；索取最上等的，您却答应了。对这我是不赞成的。"魏王说："你说得很对。"于是决定不去秦国朝拜了。

 援古证今

【心理战术】

通过引证古代的历史教训来说服对方的心理战术。

我国古代杰出的文论家——梁朝的刘勰在《文心雕龙·事类》里说：

"事类者，盖文章之外，据事以类义，援古以证今者也。"援用历史上的经验或教训，作为评断当今事务的标准，以加强论辩的说服力，这是辩说者经常运用的谋略。

援古证今的范例，始见于《诗经》和《尚书》，到了《国语》、《左传》已比较常见，进入战国时期，更成为谈辩之士自觉运用的手段。墨子提出，"凡出言谈，必上本之于古者圣王之事"，孟子则称"言必称尧舜"，而庄子多引用"耆艾"之言（即"重言"）。可见，援古证今，以古喻今，已成为知名的辩说家取胜之武库。

【经典案例】

▲士贞子谏晋景公

晋楚邲之战前，晋军主帅荀林父和副帅先縠一主战一主和，形成两派。结果晋军战败，主战的晋军统帅荀林父引咎请求晋景公处自己死罪，晋侯准备答应他的请求。

大臣士贞子劝景公说："不可以答应他的请求。记得36年前晋楚城濮那一仗吗？晋军打败楚军，一连3天吃着楚国遗弃的粮食。可是晋文公还是面有忧色。他身边的臣子问道：'有了喜事您还发愁，难道要有了犯愁的事您才高兴吗？'文公说：'只要楚国的良将成得臣还活着，我就不能不忧虑啊。处于困境的野兽尚且要拼死搏斗，何况一国之相呢？'直到楚国杀了成得臣，文公才喜形于色，他说：'没有什么人能危害我了。'这对晋国来说，等于取得了第二次胜利，对楚国来说等于第二次失败。这次晋军的失败可能是上天对晋国的严重警告，如果要杀死林父，使楚国再获一胜，恐怕将会使晋国长期无法强盛了。林父侍奉君侯，在朝廷，就想着竭尽忠心；回到家，就思谋补救过失，他是社稷的捍卫者，怎么能杀死他？再说他虽作战失败，但他不隐瞒自己的过失，光明磊落，如同日月之蚀一样，哪里会损害他的光辉呢？"晋侯听了，就恢复了荀林父的职位。

▲姚贾辩诬

楚、梁、燕、代四国联合，准备攻打秦国。秦国君臣束手无策，姚贾自动请缨，出使四国，破其盟，止其兵。秦王大悦，封贾千户，以为上卿。

韩非诋毁姚贾说："姚贾带着珍宝，南使荆、吴，北使燕、代，出访3

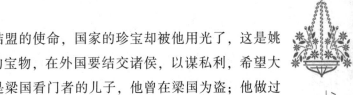

年，并未完成秦国与四国结盟的使命，国家的珍宝却被他用光了，这是姚贾利用大王的权势、国家的宝物，在外国要结交诸侯，以谋私利，希望大王详查这件事。再说姚贾是梁国看门者的儿子，他曾在梁国为盗；他做过赵臣，结果被驱逐。任用看门者的后代，梁国的贼，赵国的逐臣，恐怕不是明智的做法。"

秦王召来姚贾质问。秦王说："你是梁国看门人的儿子，梁国的盗，赵国的逐臣吗？"

姚贾回答说："姜太公，是被老妻驱逐的人，是在朝歌卖肉卖不出去的屠夫，是被子良斥逐的家臣，是棘津无人雇用的佣工，可是周文王任用他为相却统一了天下。管仲，是齐国边鄙的商贾，是南阳被埋没的贫贱之士，是鲁国被赦免的囚徒，可是齐桓公任用他为相却成就了霸业。百里奚，是虞国的乞讨者，屡次以5张羊皮被人转卖，可是秦穆公任他为相却使西戎各国来朝。晋文公能够任用中山之盗，终于在城濮大获全胜。这4位贤士，都曾遭受侮辱，大受毁谤，而贤明的君主所以任用他们，是深知依靠他们可以建立丰功伟业。假使他们像品德高尚的卞随、务光、申屠狄等隐士那样行事，君主怎么能发现他们呢？所以贤明的君主不挑剔别人的污点，不在乎所用的人是否被人非难，只看他是不是能为自己所用。只要他能安邦定国，即使有外人诽谤，也不应盲从；相反，即使他名高一世，却不能建咫尺之功，就一律不应赏赐。这样，群臣就没有谁敢以虚名来妄求君主的奖赏。"秦王说："说得对。"于是照旧任用姚贾而杀了韩非。

▲斗且论子常必亡

楚国大夫斗且拜见令尹子常，子常与他谈论的是如何积聚财物的事。斗且回家后，对他弟弟说："楚国大概要灭亡了，如果楚国不亡，令尹子常也难逃厄运了。因为在我拜见他的时候，他只问如何积聚财物的事，如同一条饿极了的豺狼，这怎能不灭亡呢？

"古人聚积财货马匹之类的东西，是以不损害百姓的衣食住行的基本需要为前提的。国马、公马只要够交赋、运输、军事的需要就行了，绝不应超量征用。公货、家货只要够宴飨、献祭、家用就可以了，绝不应超过这一限度。如果大量地搜刮民财，就会使百姓缺衣少食，百姓生活贫困就会产生背叛的心理，那么将凭什么治理国家呢？"

"先前斗子文三次从令尹的职位上逃离，家中连一天所需的财物都没有，原因就在于他体恤百姓，不与民争利。成王听说子文吃了上顿没下顿，就在朝廷上摆设肉食和干粮，让子文吃。成王每次发给子文的官俸，子文都避开，直到成王收回俸禄后才回来。有人对子文说：'人本来就应该追求财富，你为什么不要呢？'子文回答说：'执政的人应该庇护百姓，百姓还很贫困，我们这些当官的却在追求财富，那是劳民伤财、损人利己的行为。我如果这样做，离死就不远了。所以我的做法是在逃避死亡而不是逃避财富。'因此楚庄王诛灭若敖氏的时候，考虑子文治楚的功劳而没有灭掉子文的后代，他们至今还居住在郧地，是楚国的良臣。这不就是一个只想着百姓的利益而不考虑自己富足才是大智慧的明证嘛！

"而子常是楚国大夫子囊的后人，做楚国的令尹却没有什么政绩。百姓的贫弱一日甚于一日，四方边境壁垒很多，道路两旁坟冢堆积，盗贼肆虐，民不聊生。子常作为令尹，不去抚恤百姓，却贪得无厌地积聚财物，怎能不招致百姓的怨恨？他搜刮的财物越多，百姓的怨恨就越深，怎么能不灭亡呢！"

"百姓的怨愤如同黄河，如果冲破堤坝，破坏力可就大了。子常还能比楚成王、灵王贤能嘛！成王想废掉商臣而另立继承人，结果被商臣包围，连他想吃到熊掌之后再死的愿望都没有得到满足，只好自杀了；楚灵王不顾惜百姓，因此被国人抛弃，就如同遗弃自己的足迹一样。子常执政，比成王更无视礼制，比灵王更漠视百姓，他能有什么力量保证自己不被国人所抛弃呢！"

一年后，发生了柏举之战，子常逃到郑国，楚昭王逃到了随国。

▲陆贾说高祖

刘邦得天下之后，自以为大功告成，忘乎所以。

儒生陆贾向高祖进言时经常称引《诗经》和《尚书》等儒家经典。高祖骂他道："老子是在马上取得天下的，哪里用得着儒家经典！"陆贾说："在马上取得天下，难道就可以在马上治理天下嘛！试看商汤、周武王以武力夺取天下，便顺应形势以文治来巩固政权，文武并用，才是长治久安的办法啊！从前吴王夫差和智伯穷兵黩武，结果导致败亡；秦朝使用严刑苛法不加改变，终于国毁族灭。假使秦朝统一天下以后，能施行仁义，效法古代的圣王，陛下又怎么能够取得天下呢！"

高祖虽不高兴，然而面有惭色，就对陆贾说："你试着替我论述一下秦朝失去天下，我取得天下的原因，谈谈古代成功失败的经验教训吧。"陆贾就按高祖的吩咐写了12篇文章，高祖看了如获至宝。陆贾就把这些文章编成书，称为《新语》。

▲张释之谏汉文帝

张释之跟随汉文帝出行，来到上林苑的虎圈。皇上询问上林尉登记各种禽兽册子的情况，提了十几个问题，上林尉都答不上来，而看管虎圈的啬夫却能从旁代答，而且回答得很详细，以此来显示自己。文帝很欣赏啬夫，说："官吏难道不应该像他这样吗？上林尉该换人了！"

于是文帝命张释之宣布啬夫为上林尉。张释之呆了好久，上前说："陛下认为为汉高祖平天下的绛侯周勃是什么样的人呢？"皇上答："他是忠厚长者啊！"张释之又问："为高祖平叛的东阳侯张相如是什么样的人呢？"皇上说："他也是个忠厚长者。"

张释之说："可这两个忠厚长者谈论事情时竟连话也说不出。难道让他们去学这喋喋不休、伶牙俐齿的啬夫嘛！况且秦朝因为任用那些舞文弄墨的书吏，书吏们争着以办事急速和督过苛刻来互相攀比。那样做的弊病是官吏们只照上面的意旨行事，不顾下面的实情。因为这个缘故，皇上听不到自己的过失，日益昏庸，传至二世，天下便土崩瓦解了。如今陛下因啬夫口齿伶俐就越级提拔他，我担心天下人会随风附和，争相浮夸而不讲究实际。上行而下效，而下面仿效上面快于影子随形和回响之应声，因此，陛下办什么不办什么，不能不谨慎啊！"

文帝回答说："好！"于是收回了提拔啬夫的成命。

晓以利害

【心理战术】

趋利避害是人的本能心理，通过阐述利害关系来打动对方的内心，进而说服对方。

不论个人行为举止还是家事国事，无不关乎利害，所以趋利避害是在做出选择时的最高原则。因此在辩说中辩明利害得失，进而指明方向，具有极强的针对性和说服力。

【经典案例】

▲烛之武退秦师

公元前630年，秦晋合兵攻郑。兵临城下，郑文公选派能言善辩的烛之武去说服秦国退兵。当时，秦军驻于城东，晋军扎营城西。于是烛之武趁夜从城上缒下墙，来到秦国军队的营门前放声大哭。秦穆公听说此事，让部下把他提来，盘问他为何大哭。

烛之武说："老臣哭郑，也哭秦。郑国灭亡在所难免，并不可惜，可惜的是秦国呀！"

接着烛之武分析说："秦晋合兵攻郑，就是胜利了，对于秦国也是无益而有损。因为秦国在晋国的西面，与郑国相隔千里，无法越过晋国占领郑国的一寸土地。而郑国和晋国相连，胜利后领土必然全部归晋。秦晋两家本来势均力敌，可是晋国若得到郑的地盘，力量就会大大地超过你们。且晋国历来言而无信。这些年他们天天扩军备战，今日拓地于东灭郑；它日必然会拓地于西攻秦。君不见，晋国假途伐虢的历史教训吗？"

秦穆公听了这番话如梦方醒，就接受了郑国愿做未来"东道主"的条件，于是背晋而盟于郑，除留下三员大将领兵两千帮助郑国守城外，秦穆公带领主力悄悄地班师回朝了。晋国军队自觉孤掌难鸣，也只好撤兵回国去了。

▲智取聊城

田单用计打败燕军，收复了齐国丢失的70多座城邑，只有一座聊城没有收复。鲁仲连告诉田单，他有办法拿下聊城。田单问："凭什么攻取？"鲁仲连笑着回答说："只需要一支笔和一张纸就够了。"

于是鲁仲连写了一封信，用箭射进聊城，守城的燕兵把信交给了燕将。信中写道："聪明的人见机行事，勇敢的人不怕死而怕留下不好的名声，忠臣不死在国君之前。如今因为有人在燕王面前说你坏话，你只顾一时之气而远离燕王，导致燕王失掉你这个臣子，这是不忠；等你身死聊城，在齐国又没有留下好名声，这不算勇敢；没有守城的功劳又没有留下好名声，子孙后代也不会称赞您，这是不聪明。如今死生荣辱，尊卑贵贱，就看您怎样选择了。"

"我听说齐国为了报燕国攻打齐国之仇，要不惜一切代价攻打聊城，现在聊城城内已无粮草，杀人而食，烧人骨做饭，可是将士们却毫无叛变之心，这真像是孙膑、吴起的军队啊！这样的军队能无敌于天下的！所以我为您着想，不如收兵离开聊城，率领军队回燕国见燕王，燕国现在正被赵国围困，情况危急。燕王看到您保全了军队与战车，一定会十分高兴；百姓见到了您，会如见亲生父母；朋友见到您，会拉着您的手臂而称赞您的功劳。这样您就上可以辅佐君主，控制群臣；下可以安抚百姓，整理秩序。您受到重用后，就可以在燕国掌权，既有名又有利，何乐而不为呢？但愿您能仔细考虑，选择正确的做法。何必死守聊城不放弃呢？"燕将看完鲁仲连的信后，连夜撤离了聊城。

▲用敌于我

韩国相国公叔与韩王爱子几瑟对立，相互争夺权力。结果，对手几瑟流亡在外。可是公叔仍然不放心。在几瑟流亡之前，他曾派刺客暗杀几瑟，有策士相劝说："不要这样做。太子伯婴非常看重你。这是为什么呢？正是因为有几瑟存在。正因为要牵制几瑟，你才被重用。几瑟如果死了，你也必然要受到轻视了。只要几瑟存在，太子就有所畏忌，不得不依赖于你。"终于使公叔认识到政敌存在的价值以及从积极方面利用敌人的重要性。

▲樊馀说楚王

公元前 322 年，韩、魏两国为着各自的利益和目的，达成了一项协议——互相交换部分领土。韩、魏易地，直接威胁着西周和东周的生存，同时，也将对周边国家带来不利的影响。策士樊馀为了保护两周的生存利益，马不停蹄赶到楚国，对楚王说道："周的天下很快就要灭亡了！韩、魏两国交换土地，韩多得两个县，魏少得两个县。魏之所以愿意做这笔蚀本生意，是因为经过这次土地交换，它可以把二周包围起来，划为己有。这样一来，所得土地不但比失去的那两个县要大，而且九鼎也变成它的掌中之物了。这还不算，魏占有南阳、郑地、三川，囊括二周。随后便直接威胁到你们楚国方城之外的土地，而韩兼管两个上党后，赵国的羊肠一带也危险了。所以，如果韩、魏两国换地成功，对楚和赵都很不利。"楚王听了这番话后，再也坐不住了，急忙联合赵国同时出兵，制止了韩、魏准备进行的这笔交易。

▲子华子谏昭侯

韩昭侯为韩、魏两国争夺土地的战争而焦虑。魏国的子华子为此去见昭侯，见昭侯满面愁容，子华子说："如果让天下人在您的面前刻写这样的铭文，向你作出这样的保证：'用左手去夺取天下，右手就一定被伤致残；用右手去夺取天下，左手就一定被伤致残。但是只要去夺取，一定能取得天下。'您将去夺取呢？还是不去呢？"昭侯说："我不去夺取。"子华子说："很好。由此看出，两臂比天下重要，理所当然，身体应比两臂更重要。韩国比整个天下差远了，现在你所争的东西，比韩国又差远了，您却为了没有得到那些赃物而忧虑伤身，值得吗？"昭侯说："好极了，教导我的人虽多，但从来没听到过这样令人开窍的话！"

▲一语抵千军

康熙初年，以吴三桂为首的"三藩"在南方发动了反清叛乱。韩大任本来是吴三桂手下的一员战将，曾在湖南与清军作战，失利后败入福建，屯驻在吉安。当时在福建参加平叛的清军是由康王杰书统率的部队。韩大任虽然是败军之将，但仍然拥有几万人马，对福建构成很大威胁，并扬言要攻取汀州。康王闻讯大惊，欲发兵用武力进剿。

康王手下的属员吴兴祚却主张招抚韩大任。康王深感自己的兵力不足，同意了吴兴祚的建议，并派他前往招抚。

吴兴祚只带了几个随从来到吉安见韩大任，刚行过礼，他便仰天大哭起来。把韩大任弄得莫名其妙，忙问他为何大哭，吴兴祚说："我此番是专程来为吊唁将军而来，怎能不哭呢？"

韩大任诧异地说："你说这话是什么意思？"

吴兴祚说："将军所以威行海内，主要是由于吴三桂格外器重你的缘故。现在他把兵权授予你，深信不疑，是要你建立功业。可是几年以来，

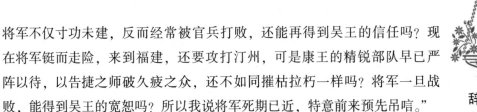

将军不仅寸功未建，反而经常被官兵打败，还能再得到吴王的信任吗？现在将军铤而走险，来到福建，还要攻打汀州，可是康王的精锐部队早已严阵以待，以告捷之师破久疲之众，还不如同摧枯拉朽一样吗？将军一旦战败，能得到吴王的宽恕吗？所以我说将军死期已近，特意前来预先吊唁。"

吴兴祚的一席话，把当时的形势，韩大任的处境，分析得头头是道，把他的心说活了。

吴兴祚接着说："我这次来就是受康王的委派迎接将军归顺的。这正是将军弃暗投明，为朝廷效力，确保功名的好机会。"

韩大任听了当即表示愿意归顺清朝，并请求吴兴祚引荐，数万叛军终于接受安抚。

 **极言危害**

【心理战术】

通过夸大事情的危害来惊醒对方的心理战术。

在被劝说对象坚持己见，盲目自信，志满意得的情况下，要想使他改变主张，收回成见，转向辩说者所设置的既定目标，必须充分论述其原有想法或做法的危害性，使其猛然警醒。

【经典案例】

▲申无宇闯宫拘仆

楚国大夫申无宇的守门奴仆因偷酒被发觉而畏罪潜逃，为了逃避申无宇的追捕，他投靠楚王当上了细腰宫守卒。因为楚国的法律规定：任何人都不许到楚王宫里抓人。但申无宇却径直到宫里把守门奴仆捉了回来。楚灵王非常气愤，命令申无宇把那个奴仆放出来。

申无宇说："天上有 10 个太阳，人分 10 个等级，上层统治下层，下层侍奉上层，上下互相维系，国家才能安定太平。如今臣下守门奴仆畏罪潜逃，借王宫之地庇护犯罪之身，如果他真的得到庇护，其他奴仆互相效法，盗贼公行，谁能禁止得了！那时的局面必将不可收拾，所以臣下不敢尊奉王命。"

楚灵王无言以对，只好听任申无宇对守门奴仆的处理，并赦免了他擅自到王宫抓人的罪过。

▲孟尝君求援

秦国要攻打魏国，魏王听说后，立即召见寄居在魏国的孟尝君商量对策。孟尝君向魏王表示，他可以到诸侯国去请求救兵。

孟尝君先到了赵国。当赵王听说他是来替魏国借救兵的，一口回绝了。孟尝君就对赵王说："我是忠于您才来向您借兵的。"赵王感到莫名其妙。孟尝君接着说，"赵魏两国兵力差不多，赵国现在不出兵救魏国，魏国一旦被秦国征服，赵国和秦国就搭界了。到那时，赵国也会像现在的魏国一样，土地年年被侵占，人民年年遭杀害。"赵王听后很害怕，就同意出兵支援魏国。

接着孟尝君又来到了燕国。燕王推说国内灾荒，不想派兵救魏。孟尝君假装要走，临走时说："我担心天下要变。"燕王一听话中有话，就问原因。孟尝君对燕王说："燕国如果不出兵救援魏国，魏国就有可能被秦国打败。如果魏国投降了秦国，魏王必定痛恨燕国不出兵救魏，就会同秦国、赵国再加上韩国共同进攻燕国，到那时燕国可就要化为灰烬了！"燕王一听不寒而栗，立即答应出兵援救魏国。

就这样孟尝君请来了18万援军，500辆战车。秦王听后，连忙向魏国请求讲和，带兵离去。

▲张丑脱祸

战国时，有个叫张丑的在燕国当人质，听说燕王要杀死他，急忙逃走，眼看就快要脱离燕国的边境了，不幸竟然被燕国边境的巡官捉住了，准备把他送回燕王处报赏。

张丑对那个边境巡官说："燕王之所以要杀我，是因为有人说我有很多珠宝，而燕王想要得到它们。事实上那些珠宝已经没有了，但是燕王不相信我的话。现在你们把我抓住送给燕王，我就对他说你把这些珠宝都吞在肚子里了，燕王那时候一定要你剖腹取珠，你的肚肠将被一寸一寸地割开。"

那个巡官被这番话吓呆了，赶紧放了张丑，让他逃出燕国。

▲鲁共公避席而言

梁惠王魏婴在范台宴请诸侯。酒喝得畅快时，梁王请鲁君举杯。鲁共公站起身，离开坐席，郑重地说："从前，帝女仪狄酿造了酒，味道很美，进献给禹，禹喝了觉得味道甘美，于是疏远仪狄，戒绝了美酒。他说：'后世必定会有因为贪饮美酒而亡国的人。'"

"齐桓公半夜感到不适，易牙就煎、熬、烧、烤，调和五味，进送给桓公，桓公吃得很饱，到了天亮都没有睡醒。他说：'后世必定会有因为贪食美味而亡国的人。'"

"晋公文得到美女南威，一连三天不上朝处理政事，于是推开南威，让她远远离开。他说：'后世必定会有因为贪恋女色而亡国的人。'"

"楚王登上强台而远望崩山，左为江山，右为大湖，登临徘徊不忍离去，那种游观之乐简直使人忘记了人们还有死亡的悲哀。为此他在强台盟誓，从此不再登览强台。他说：'后世必定会有因为贪游高台陂池而亡国的人。'"

"如今君王的酒杯里，盛的不亚于仪狄酿造的美酒；君王享用的，等同于易牙烹调的美味；您身边的美女，左有白台，右有闾须，都比得上南威之美；您游览的园林前有夹林，后有兰台，赶得上强台之乐。这4样东西有一样就足以亡国。如今君王却兼有这4者，能不警惕嘛！"

梁王听了，连连称善。

▲段秀实整饬府军

唐朝的段秀实有胆略，曾任泾州刺史。当时，郭晞以检校尚书领行军节度使，屯兵邠州。他的军队纪律很差，士卒恣意妄为，光天化日之下横行市上，伤人劫物，残害妇女，其状甚惨。当时白孝德也同守邠州，却敢怒而不敢言。

一日，正赶上段秀实由州到府上禀报政事，就自请出面查处。白孝德让他治理府军，恰好值营的士卒喝醉了酒并打伤了酒保。段秀实叫人捉来斩了，将死者的头挑在刀尖上，立在门外。士卒见了，合营噪动，穿上盔甲企图闹事。段秀实骑着一匹跛马，偕同一名跛足的家奴，径直来到郭晞营房，那些穿好铠甲的士卒全都跑出来。段秀实笑着道："杀一个文官，要穿上铠甲干什么？我戴着我的头来了，请你们动手吧！"

这些甲士听段秀实如此一说，都面面相觑，惊愕不已，没人敢动手。等到郭晞出来，段秀实责备他道："您的父亲副元帅（指郭子仪）的功劳可以和天地相比，然而你却放纵士卒做坏事，扰乱边境地区的安宁，天子知道了就会牵连到副元帅，如果副元帅获罪，你又怎么能幸免呢？你应当严格整顿军纪，这样才能保住郭家的功名。我段秀实擅自杀人，亲自上门请求治罪。"

郭晞拜说："有幸得明公指教。"当即呵斥左右的人解除武装。段秀实说："我还没有吃饭，请为我摆上碗筷。"吃完了饭，又说道："我旧病复发了，请允许我借宿门下。"于是就在军中躺了下来。郭晞大为惊骇，告诫值班的候卒击柝为他守卫。第二天，郭晞请求和段秀实一同到白孝德那里去致歉。士卒从此收敛起来，邠州境内才得以安宁。

单刀直入

【心理战术】

在充分研究材料、掌握对方情况的前提下，抓住要害，单刀直入、开门见山，一开始就接触问题的实质，趁敌方未加防范时，突破对手的心理防线，以夺取论战中的心理优势，获得先机之利。

【经典案例】

▲一日三责齐景公

春秋时，齐景公到公阜去游览。他缓缓地登上高台，遥望着齐国的大地，不觉苍凉悲叹道："唉！从古以来，人要是不死，该有多快乐呀！"身旁的晏子听了，躬身施礼后说："您这话不对。从前上古皇帝，认为人死不算是坏事。有道德的人死了，算休息；无道德的死了，算消失。假如古人没有死，到现在已死的太公、丁公将会占有齐国，桓公、襄公、文王、武王都将封他们为相，哪有您的地位呢？到时候，您也只能戴个草帽穿件破衣，拿着锄头，蹲在田埂上受苦，哪有机会上这儿来感叹呢？"景公听了，气得半天没吭一声。

一会儿，猛然看见远处一人驾着六马的车，风驰电掣般驰来。景公问："那人是谁？"晏子说："除了梁丘据没别人。"景公问："你怎么知道定是他？"晏子说："大热的天，这么下死劲地赶着马，那马不死也得伤，要不是姓梁的，谁敢这么做？"景公说："他是来接我的，他与我相处很和谐呀！"晏子马上说："只能说同好，不能说和谐。和谐的意思是国君喜甜，臣子就喜酸；国君喜淡，臣子就喜咸。如今，您喜甜他也喜甜，您说好他也说好，这只能是同好，怎么算和谐呢？"景公听了，气得变了脸色。

没多久，夜幕降临，猛然一颗彗星拖着长尾徐徐而过。景公看见，急忙召来巫师去祈祷除灾。晏子赶忙说："不可以。彗星出现是对下界的警告，下界安定，彗星自然隐去，何需祈祷？如今，您嗜酒成性，淫乐不绝，不理国政，宽容小人，喜听谗言，疏远贤臣，岂止是彗星出现，更凶恶的征兆也会显现的。"景公听了，气得脸煞白，一句话也没了。

后来，晏子去世，景公听到凶信，急忙催人驾车赶去吊唁。路上，怨车太慢，跳下车就跑，才知道还不如车快，又重乘车。等到进城，边走边哭，待看到晏子遗体，一下扑在上面大哭。旁边的章子劝说道："这不合君臣之礼。"景公哭得更厉害了，说："还讲什么礼呀。从前夫子和我游览公阜，一日三责于我。如今谁能这样呀！失去了他，我也就活不久了，还讲什么礼呀！"

晏子见到景公言行有误，马上一针见血，说到要害处，这就是景公怀念他的原因。

▲公孙弘面折昭王

战国时，齐国的孟尝君主张合纵抗秦，他的门客公孙弘对孟尝君说："您不妨派人到西方观察一下秦王。如果秦王是个具有帝王之资的君主，您恐怕连做属臣都不可能，哪里顾得上跟秦国作对呢？如果秦王是个不肖的君主，那时您再合纵跟秦作对也不算晚。"孟尝君说："好，那就请您去一趟。"公孙弘便带着10辆车前往秦国去看动静。

秦昭王听说此事，想用言辞羞辱公孙弘。公孙弘拜见昭王，昭王问："薛这个地方有多大？"公孙弘回答说："方圆百里。"昭王笑道："我的国家土地纵横数千里，还不敢与人为敌。如今孟尝君就这么点地盘，居然想同我对抗，这能行吗?"公孙弘说："孟尝君喜欢贤人，而您却不喜欢贤人。"昭王问："孟尝君喜欢贤人，怎么讲?"

公孙弘说："能坚持正义，在天子面前不屈服，不讨好诸侯，得志时不愧于为人主，不得志时不甘为人臣，像这样的士，孟尝君那里有3位。善于治国，可以做管仲、商鞅的老师，其主张如果被听从施行，就能使君主成就王霸之业，像这样的士，孟尝君那里有5位。充任使者，遭到对方拥有万辆兵车君主的侮辱，像我这样敢于用自己的鲜血溅洒对方的衣服的人，孟尝君那里有10个。"

秦国国君昭王笑着道歉说："您何必如此呢? 我对孟尝君是很友好的，并准备以贵客之礼接待他，希望您一定要向他说明我的心意。"公孙弘不辱使命，安全回国了。

▲ 庄辛与襄王论幸臣

楚襄王宠幸佞臣，骄奢淫逸，不顾国政。庄辛对楚襄王说："君王左边是州侯，右边是夏侯，辇后头跟着鄢陵君和寿陵君，他们一味无节制地放荡，奢侈浪费，不考虑国家的政事，郢都肯定处在危险之中了。"襄王说："先生是老糊涂了呢，还是胡说八道，想做楚国的妖孽呢?"庄辛说："我确实看到了必然出现的后果，绝不敢做国家的妖孽。大王如果一直宠幸这4个人而不改变，楚国必定要灭亡。请允许我躲避到赵国，在那里拭目以待吧!"

庄辛离楚赴赵才5个月，秦军果然攻占了鄢、郢、巫、上蔡、陈等地，襄王流亡到了城阳。于是楚襄王用专车从赵国接回了庄辛。

庄辛回到楚国后，襄王对他说："我当初不采纳先生的建议，如今事情到了这种地步，应当怎么办呢?"庄辛回答说："我听俗话说：'看到了野兔再回头叫猎狗，还不算晚；丢失了羊再修补羊圈，还不算迟。'从前商汤和周武王靠着方圆百里的土地兴盛起来，夏桀和商纣拥有天下却遭到灭亡。现在楚国虽然比以前略小，但是截长补短，还有纵横几千里的土地，岂止百里呢?"

"大王难道没看见蜻蜓吗? 它长着6条腿，4只翅膀，它飞下来捕蚊、虻而食，仰头接甘露而饮，自认为没有祸患，和人家没有争端。它没有料到那 5 尺高的儿童正调好糖稀粘在蛛网上，要加害自己于四仞的高空，使自己成为地上蝼蛄蚂蚁的食物。"

"蜻蜓的事还是小事情，黄雀也是这样。它飞下来啄食米粒，飞上去栖息于茂树。它振动翅膀飞来飞去，自认为没有祸患，和人家没有争端。它没有料到那公子王孙，左手把着弹弓，右手拿着弹丸，正要加害自己于 10 仞的高空，以自己的脖颈作为弹弓的目标。顷刻之间，那黄雀就将落在公子手中。以致它白天还在茂树间游息，晚上就被放上酸碱佐料烹调了。"

"黄雀的事情还是小事情，天鹅也是这样。它在江河上浮游，在大沼泽栖息，上食鱼虾，下食菱荇，振动羽翼，高高地飞翔，自认为没有祸患，与人家没有争端。它没有料到那射猎的人，正在修理弓箭，要射杀它，让它带着利箭，从清风中坠落下来。以致它白天还游乐于江河之上，晚上就被猎人煮着吃了。"

"天鹅的事还是小事情，蔡圣侯的事也是这样。他南游高丘，北登巫山，喝茹溪的水，吃湘江的鱼，整天游玩，不把国家的事情放在心上。他没有料到那楚将子发正从宣王处接受命令，要用红绳将他捆缚去见宣王。"

"蔡圣侯的事还是小事情，君王的事也是这样。您左边是州侯，右边是夏侯，车后面跟随着鄢陵君与寿陵君，吃着封地中出产的粮食，拉着府库中取出的黄金，和他们一起射猎于云梦泽中，却不把天下国家的事情放在心上。您没有料到那穰侯从秦王那里接到命令，秦军即将开进平靖关之内，要把您赶到平靖关之外去。"

襄王听了，神色惊惧，身体颤抖。于是授给庄辛爵位，封他为阳陵君，委以重任，赐给他淮北的土地作为赏赐。

▲ 以国为重，不徇私情

宋弘是东汉初年的一位名臣，曾经把自己的好友桓谭推荐给汉光武帝刘秀。桓谭不仅是一位博古通今的大学问家，还十分精通音乐，弹得一手好琴。正巧刘秀也很喜欢欣赏音乐，常常把桓谭叫到宫中弹奏琴曲，直到深夜。

宋弘听说后，很担心皇帝因沉溺音乐而荒废国事，想谏阻这件事，于是派人去请桓谭。桓谭来了，宋弘也不给让座，严肃地说："我在皇上面前保荐你，是想让你用正道来辅佐朝廷，不是让你用靡靡之音引导皇帝去寻乐。以后是由你自己改过呢，还是由我来弹劾你呢？"桓谭听了感到很惭愧，连忙顿首谢罪。

几天后，刘秀举行盛大的宴会，又命桓谭弹琴奏乐，宋弘也在场。桓谭想起宋弘的告诫，不免有些局促不安，不禁回头瞅宋弘。刘秀感到非常奇怪，便问其中的缘故。宋弘离开座位，摘掉帽子，向刘秀谢罪说："我向陛下推荐桓谭，是希望他用正道辅助您，不想他却老在宫廷中演奏靡靡之音，长此下去，会使陛下沉溺于音乐，荒废了国事。这实在是我的罪过。我为此责备过桓谭。"

从此以后，刘秀把主要的精力用来处理国家政务，再也不把时间消磨在欣赏桓谭的琴乐上了。

 义正辞严

【心理战术】

当自己站在正义的一方时，就要以严厉的语言和气势来压倒对方和慑服对方，首先取得心理上的胜利。

道理正确而言词严肃，叫义正辞严。当人们坚持真理维护正义时，就要以凛然的正气表明自己坚定的立场和崇高的气节，以此慑服对方，从气势上压倒对手。

【经典案例】

▲王孙满义斥楚王

楚国自周平王东迁之后，很快发展起来，欲与周室争夺天下。

公元前606年，楚庄王兴师讨伐陆浑（今河南省洛阳市西南），戎族之后，渡过雒水，在周朝的边界阅兵示威。这一下可吓坏了周定王，忙派大臣王孙满前往楚军，一方面慰劳楚王，另一方面观察其用意何在。楚王见到王孙满便问："寡人闻大禹铸有九鼎，三代相传，以为世宝，今在雒阳。不知鼎形大小与其轻重如何？"周鼎是王权的象征，楚王居然问起周鼎如何，实质就是要夺取周天子的权力。

王孙满敏锐地识破了对方欲取代周室的企图，便义正辞严地答道："周室继承统治，在德不在鼎。过去大禹有德行，远方的部落把铜献给九州牧长，铸成九鼎献给大禹。后来夏桀无道，宝鼎归了商朝；后来商纣暴虐，宝鼎才迁到了周天子的手里。"他还斩钉截铁地说，"国家政治清明，鼎虽小也不可迁；国家政治昏乱，鼎虽大而一定会转移。过去周成王定鼎时占卜说，周代可以传30代，历700年，这是天的意志！现在周王的权力虽然衰落了一些，但天命没有改变，别人无权过问鼎的轻重与大小！"

庄王听了王孙满的一番话，想想中原各诸侯对周室的态度，就连霸主晋文公也还打着"尊王攘夷"的旗号，因此自己要取代周室，实在自不量力。于是，便带领军队离开了雒邑。

▲周子谏齐王勿爱粟

公元前261年，秦攻打赵国的长平，齐、燕派兵援救。秦人谋划说："齐、燕救赵，它们的关系如果亲密，我们就要退兵；如果关系不亲密，我们就毫不犹豫地发动进攻。"

当时赵国军粮短缺，向齐国借粮，齐国不答应。周子对齐王说："不如答应赵国，以便使秦军撤退；不答应，秦军就不会撤退，那就正中秦国的下怀，齐、燕之援自然也就落了空。再说赵国对于燕、齐，实际是一道屏障，就像是齿与唇的关系，失掉唇，齿就会感到寒冷。今天如果秦灭了赵，明天就该轮到齐、燕了。再说救赵的事，非常紧急，应当像捧着漏酒的瓮和拿水浇烧干了的锅一样。须知，援救赵国，合乎崇高的道义；击退秦兵，将得到赫赫的名声。主持正义而援救将亡的赵国，发挥威势而击退强秦的军队，不致力于这些大目标，而吝惜粮食，这样谋划就错了。"

▲楚王赦免解扬

楚国发兵包围了宋国的睢阳，宋向晋国告急求救。晋国知道楚国不会把军队长期驻扎在外，不久必然自行撤去；同时又不想为援救宋国而兴师动众，使自己的士兵劳而无功。但又考虑，如不出兵援救宋国，可能会在诸侯中失去威信，有损于晋国霸主的形象。于是就想出了一个两全其美的计策：派遣大夫解扬去宋国传达晋君的命令，假说救宋的晋军已经开拔，即将来到，告诉宋人一定要坚守城池。

解扬衔命上路，不料中途被楚人抓获。楚王威胁解扬，要他对宋人说晋国根本不能救宋，以此来瓦解宋国等待救兵坚守不降的决心。解扬表面上答应了楚王的要求。于是楚王让解扬登上楼车，向城内的宋人喊话，等宋人能听到他的喊声后，解扬却喊道："我是晋国大臣解扬，我国大军正行进在途中，令我先来报信，我不幸为楚所俘并以死相威胁，让我出面劝诱你们。我假意应承，为的是借此机会传达我君的旨意，你们要坚守城池，直到援军开到，切勿为谣言所动。"

楚王得知后怒不可遏，指责解扬失信，命令手下的人把解扬推出去斩首。解扬面无惧色，理直气壮地对答道："作为晋臣的我如果取信于你楚王，必然要失信于晋君，二者必居其一。假使楚国有一位大臣，公然背叛自己的主子，取悦于他人，你说这是守信用，还是不守信用呢？好了！再没什么可说的了，我愿意立刻就死。"楚王听后怒气全消，感慨地说："解扬真是个忠臣烈士啊！"于是赦免了他，并把他放回晋国。

▲孟子驳陈贾

有次孟子去齐国，正赶上齐王决定派军队征讨燕国。孟子力陈不可，齐王不听，结果燕国军民奋起抵抗，齐王骑虎难下，后悔不迭。有个叫陈贾的臣子却不以为然。他说："连圣人周公都有缺点过失，大王又何必这么内疚！"齐王就不吭声了。第二天孟子去见齐王，正赶上陈贾在鼓吹那种文过饰非论调。两人自然就辩论起来。

陈贾故意问孟子："周公是何等人？"孟子说："古代的大圣人呗！"陈贾又说："传说周灭殷后，周公委派管叔去监视殷的后代，管叔却勾结殷的残余势力起来反叛周朝，后来周公好不容易才平息了叛乱，杀了管叔，这事想必您听说过吧？"孟子回答："听说过。"

陈贾接着说："周公事先知不知道管叔有反心呢？如果知道却纵容，岂不是不仁？如果不知道，就是不智，糊涂。这样，不仁、不智，总有一样周公要占上。既然这样，所谓的圣人岂不也有过失！"陈贾为什么要纠缠这个问题呢？无非是想说明，既然圣人也犯错误，对齐国伐燕的事也就可以不加追究了。

孟子义正辞严地说："历史上，周公在派管叔去之前是否知晓他有野心，我不清楚。不过从情理而言，周公是弟、管叔是兄，在他们的问题上，罪过应先追究管叔；作为弟弟，周公做事有不得已处，岂不情有可原！这样，周公既不是所谓'不智'，也不是所谓'不仁'，那种批评难以成立。"孟子继续说，"古代的君子，有了过失就改正，而且是在大家监督下改正；现在有些人则相反，明明有过失，不但不及时纠正，还要文过饰非，强词夺理，岂不可笑！"

陈贾听后，面红耳赤。

▲唐雎不辱使命

秦王派人对安陵君说，要用500里的地方换取安陵。安陵君没有同意，为此，秦王非常不高兴，于是安陵君派唐雎出使秦国。

秦王对唐雎说："我想用500里的地方换取安陵，安陵君不听我的，这是为什么？秦国打败了韩国，灭了魏国，而安陵君能以50里的地方存在下来，是因为我觉得他讲义气罢了。现在我用多于10倍的土地来交换小小的安陵，他不接受，这不是轻视寡人吗？"

唐雎回答秦王说："不是这样的，安陵君是从祖先那里继承了安陵这块地方，所以必须守卫它，即使给他千里的土地也不敢换，何况是500里呢？"秦王勃然大怒，对唐雎说道："你听说过天子发怒的后果吗？"唐雎说："下臣没听说过。"秦王说："天子一旦发怒，就会伏尸百万，血流成河。"唐雎反问道："大王听说过老百姓发怒的后果吗？"秦王傲慢地说："老百姓发怒，只不过是把帽子扔在地上，光着两只脚，用头撞地罢了。"

唐雎说："您所说的只不过是平庸的人发怒，不是真正勇士发怒。专诸刺王僚时彗星袭月；聂政刺韩傀时，白虹贯日；要离刺王子庆忌时，有苍鹰撞在大殿上。这3个人心中的怒还没有发作，上天就降下了凶兆，加上我就将是4个人了。如果勇士发怒，伏尸不过2人，血流不过5步，可是天下人都要披麻戴孝。"

唐雎说着就拔剑而起，秦王吓得面无血色，向唐雎道歉说："先生请坐，何必如此，寡人现在明白了。韩国和魏国都被秦国消灭了，而安陵能以50里地存在，都是因为用了像先生这样智勇双全的人啊！"

秦王从此以后，再也不敢提与安陵君交换土地的事了。

▲御臣民耻用诈术

唐太宗李世民曾经对众大臣说过："国家的灭亡，很少不是由于人臣的谄媚奸佞所造成的。"于是就有人上书，请求铲除那些奸佞之人。李世民问裴矩说："谁是奸臣？"裴矩道："他日陛下和众大臣议事的时候，可以假装发怒试探一下。据理以争，毫不屈从的，是刚直的人；惧怕陛下的威严而曲意顺从的就是奸臣。"李世民说："不要这样做。按理说，君为水之源，而臣则是水之流；如果弄脏了水源，却想求得清洁的水流，世上哪有这种事情呢？君主他自己就是个奸诈的人，怎么去指责臣子不正直呢？我如今要以至诚对待天下的人，前世帝王，好玩弄小的权术而自鸣得意，我常常为他们感到可耻。"

▲老外服输

爱国将领冯玉祥任陕西督军时，有两个外国人私自到终南山打猎，打死了两头珍贵的野牛。

冯玉祥把他们召到西安责问："你们到终南山行猎，和谁打过招呼，领到许可证没有？"对方答道："我们打的是无主野牛，用不着通知任何人。"冯将军听了，非常气愤，说："终南山是陕西的辖地，野牛是中国领土内的东西，怎么会是无主的呢？你们不经批准私自行猎，就是犯法。你们还不知罪吗？"

两个外国人狡辩说："这次到陕西，贵国外交部发给的护照上，不是准许携带猎枪吗？可见我们行猎已得到贵国政府的准许，怎么是私自行猎呢？"冯将军反驳说："准许你们携带猎枪，就是准许你们行猎吗？若准许你们携带手枪，难道就可以在中国境内随意杀人吗？"其中一个外国人还不服气，继续狡辩说："我在中国 15 年，所到的地方从来没有不准打猎的；再说，中国的法律也没有不准许外国人在境内打猎的条文。"冯将军冷笑道："没有不准外国人打猎的条文，不错。但难道有准许外国人打猎的条文吗？你 15 年没有遇到官府的禁止，那是他们睡着了。现在我身为陕西的地方官，我却没有睡着，我负有国家人民交托的保土卫权之责，就非禁止不可。"

两个外国人听了，只好承认了错误。

▲ 以理取胜

1946年，李先念曾与周恩来一起就中原停战问题同美蒋代表进行谈判，谈判期间国民党方面交替使用政治斗争和军事斗争两种手法玩弄阴谋。第二轮谈判开始后，李先念和国民党嫡系实力派人物郭忏分别全权代表各方陈述协议具体方案。

郭忏在会场上异常活跃，未等主持会议的美方代表宣布第一项议程完毕，他便不住打手势，要求讨论所谓中共中原军区部队挑起军事冲突的问题。接着他在美方代表默许下，对我中原部队进行诬蔑，指责我军在停战令下达后进攻国军。

面对郭忏贼喊捉贼的卑鄙伎俩，李先念发表了讲话。他说："首先，我有个问题请教郭将军……有道是'水有源，山有主'，抗战8年，你们的部队一直待在什么地方？你们在上述地方的部队何时同日本鬼子打过仗？你们从未来过这些地方，怎么说这些地方被我们侵占了呢？"

李先念的问话使郭忏无言以对，李先念接着说："抗战8年，我们新四军五师一直坚持在敌后，解放了9000多平方公里的国土，抗击日伪军20余万人，经历大小战斗万余次，消灭了大量敌人。这些历史事实，不是郭将军所能否认的。不仅黄陂的河口、塔尔岗，安陆的赵家棚、积阳山等地是我军的阵地，而且整个鄂、豫、湘、皖、赣边区都是我军收复的失地。这里的每一座村庄，每一个山头，每一条河流，都洒有我们战士的鲜血和汗水，都印下了我们战士的足迹。"

说到这里，李先念提高了嗓音："不错，8年之中，不抗不战者大有人在；抗战胜利后，抢占胜利果实者大有人在；停战令下达后，争夺地盘者大有人在。人民自有公断。我军既有恪守停战协议之责任，亦有回击来犯者之权利，'人不犯我，我不犯人，人若犯我，我必犯人'，这是事理之必然。为澄清是非，我提议，三方代表不妨去实地视察，听听当地老百姓的话，谁是谁非不言自明。"

李先念的慷慨陈词，驳得郭忏体无完肤。郭忏不得不转口说："李将军抗战有功，这些问题留待执行小组去解决吧。"

出语相激

【心理战术】

出语相激就是我们常说的"激将法"，是人们很常用的心理战术。

辩说者用言语激起对方的同情、反感、尊敬、蔑视、悲愤、欢乐等肯定的或否定的情感，使对方形成与自己相同的观点，而采取符合自己意愿的行动，达到预定的目的。

【经典案例】

▲诸葛亮激孙权

曹操占据了荆州以后，整个北方已经基本统一了，只有割据江东的孙权和寓居夏口的刘备是他的劲敌。于是，曹操便率大军横江而下，准备一举消灭孙权、刘备。对于刘备与孙权来说，当时形势十分危急，如果双方不能联合作战的话，必将被曹操各个击破。可是，孙权集团与刘表宿怨很深，孙权的父亲孙坚就是在与刘表作战时受伤而死的，而刘备又是刘表的宗亲，双方结合很难。为了解开这个难题，诸葛亮自告奋勇，到江东去劝说孙权。

诸葛亮在柴桑见到了孙权。诸葛亮知道，如果径直要求与孙权联兵，一定使孙权以为有求于他，事情反而办不成，莫如用激将法激他，于是对孙权说："当今海内大乱，将军起兵东吴，刘豫州起兵汉南，与曹操争夺天下。可是，现在荆州已经被攻破，刘豫州败逃到这里，请将军量力而行。如果能以吴越之众和曹操抗衡，就应该早一点确定大计；如果不能的话，就应向曹操投降称臣。"

孙权听了很不满意，反问说："那么，为什么刘豫州不向曹操称臣呢？"诸葛亮回答说："古代的田横，仅仅是齐的壮士，尚能守义不辱，何况刘豫州是帝室的后裔，英才盖世，怎么能屈居曹操之下呢？"孙权不禁勃然大怒，说："我的主意已定，我不能以三吴之众受制于人。然而刘豫州新败，能与曹操抗衡吗？"

诸葛亮看到时机已经成熟，才直接说出了自己的意见："刘豫州虽然新败不久，但战士仍不下两万人；曹操兵马虽多，但远道而来，军士疲惫，在追赶豫州时，一日一夜行军300多里，这就是人们所说的强弩之末，力不能入鲁缟。因此，兵法忌之，而且北方人不习水战，荆州的人民对曹操还没有心服，如果将军能与豫州联合的话，齐心协力，一定能够打败曹操。曹操如果兵败北走，三分天下的鼎足之势也就形成了。"至此，孙权才下定了决心，与刘备联合，终于在赤壁一战，大破曹军，形成了天下三分的局面。

▲请将不如激将

艾尔·史密斯曾任纽约州州长。当时，纽约州的星星监狱十分难管理。监狱里经常发生斗殴、骚乱，几任监狱长都辞职或被撤职。史密斯想找一位能干的人来管理这所监狱。这是一件很困难的事，因为，没有人愿意干这种苦差事。

经过了解，史密斯召来了一位叫刘易斯的人。此人性格刚毅，意志坚强，身材高大，体格强壮，看来只有他能镇得住监狱里的这帮犯人。

"让您当星星监狱长，您看怎么样？"刘易斯来到后，史密斯问道。

刘易斯知道，这个监狱十分难管。有的狱长死在任上，有的才干了3个星期就辞职了。但是，这是一个全国闻名的大监狱，能做它的狱长关系到一个人的荣誉。

史密斯发现他犹豫不决，于是微笑着说："年轻人，看起来，你有点怕了。对您的畏惧心理我不加责怪，因为那是一个困难的位置，充满了危险。那里需要一个意志坚强的男子汉。"

刘易斯想：如果不接受，无异于承认自己是一个胆小鬼。于是决定留下来，他终于成了星星监狱历史上最有名气的狱长。

肯定诱导

【心理战术】

"是的"是个肯定性回答，通过不断地肯定性回答，最后使对方也"惯性"地肯定性回答了自己想要对方回答的问题。这里利用的是人们的"惯性"心理。

与人交谈，一开始千万不要强调双方的分歧，而要强调双方的一致性。要善于从别人的角度看问题，并努力使自己或对方说"是的"。这样才能取得好效果。

【经典案例】

▲孟子说宣王行仁政

齐宣王问孟子："什么叫仁政，我可以听听吗？"

孟子回答说："从前，周文王治理岐地，对农民，赋税是九分抽一；对官员，给他世袭的俸禄；对关口和集市，只加稽查管理，而不征税；对捕鱼的，不加禁止；对犯罪的，不株连妻室儿女。老而无妻的叫'鳏'，老而无夫的叫'寡'，老而无子的叫'独'，幼年丧父的叫'孤'——这4种人，是天下陷入困境而无依无靠之民。周文王施行仁政，很关心他们。《诗》里说：'有钱的生活尚可，孤苦人值得同情。'"

宣王说："这些话说得好啊！"

孟子说："您如果认为好，那为什么不施行呢？"

宣王说："我有毛病，我贪财。只怕不能施行仁政。"

孟子回答说："从前公刘也贪财。《诗》里面就说他：'粮食堆满了仓，口袋里装着干粮，因此人民团结国力强。弓箭干戈和戚扬，收拾整齐向前方。'留守的有积谷，出行的有干粮。这样才能率领周人前进。您如果贪财却能够与百姓同心，处处想到百姓也希望富裕，对于您施行仁政又有什么不好呢！"

宣王说："我有毛病，我好色。只怕不能施行仁政。"

孟子回答说："从前太王也好色，疼爱他的妃子。《诗》里面就曾说到他：'古公亶父，清早驱马，顺着河岸，来到岐下，和他妻子，择地安家。'在那个时代，没有大龄女，也没有单身汉。您如果爱色，而能够与百姓同心，时时想到百姓也希望及时婚嫁，对于您施行仁政又有什么不好呢？"

▲陈轸对秦王问

张仪向秦王谗毁陈轸说："陈轸奔走于楚、秦两国之间，现在楚没有对秦进一步友好，对陈轸个人倒很不错，这样看来，陈轸是在为自己谋利，并不是在为秦国做事。况且陈轸想离开秦国到楚国去，您为什么不依从他呢？"

秦王对陈轸说："我听说你打算离开秦国到楚国去，是真的吗？"陈轸说："是的。"秦王说："张仪的话果然可靠。"陈轸说："不仅张仪知道这件事，路上的行人都知道这件事。从前孝己孝敬他的父母，天下的父母都希望让他做自己的儿子；伍子胥忠于他的国君，天下的国君都希望让他做自己的臣子。如果被卖的奴婢被同巷子的人买走了，她一定是个好样的奴婢；如果被休弃的妇女，被同乡里的人娶走了，她一定是个好样的妇女。如果我不忠于您，楚国又怎么会让我去做他的臣子呢？再说，我这样为秦国尽忠还要被抛弃，我不到楚国又到哪里去呢？"秦王被他说服了，就挽留他继续为秦臣。

▲化解分歧

约瑟夫·艾利森是美国威斯汀豪斯电气公司的推销代理。在他的推销区里有一家工厂需要发动机。然而，他的前任花了10年工夫也没有向这家工厂推销出一台发动机。艾利森连续3年登门拜访，终于感动了这家工厂，使他们决定购买一些威斯汀豪斯的发动机。

3个星期以后，艾利森又去拜访，期望获得更多的订货。然而总工程师却说："艾利森，我不能再向你购买发动机了。""为什么？我们的发动机一向被证明性能良好。"艾利森自信地说。

"因为你们的发动机工作时温度太高，我都不能用手触摸！"工程师说。

作为推销员，艾利森知道争辩不会有任何好结果。决定采用了"是的"战术，即尽可能避免对对方说出"不"。艾利森说道："我完全同意你的意见，如果这些发动机升温太高，你当然就不应该买它们。全国电器制造商协会规定了标准热度，你应当买运行温度不超过这个标准的发动机，对不对？"

"是的。"工程师说了第一个"是"。"我记得，电器制造商协会规定的发动机温度可以比室温高72华氏度，是吗？"艾利森以请教的口气问。

"是。"工程师说，"但你们的发动机远远超过这一温度。"对于客户对公司产品的过火评论，艾利森没有作任何争辩，只是轻描淡写地问："厂房温度有多高？""噢，"工程师说，"大约 75 华氏度吧。""那么，"艾利森进一步说，"如果厂房温度是 75 华氏度，然后再加上 72 华氏度，总度数是 147 华氏度。如果你的手放在 147 华氏度的热水水龙头下，你的手不就会被烫伤了吗？"

"是的，"工程师已经知道自己错了，"是的，我想你是对的。"于是，又与艾利森订了一笔价值约 3.5 万美元的货。

 巧譬设喻

【心理战术】

譬喻，可谓辩说艺术之精华。譬喻是用具体的、浅显的、熟知的事物去说明或描写抽象的、深奥的、生疏的事物的一种心理手法。说理中，取喻明显，把精辟的论述与摹形状物的描绘揉合为一体，既能给人以心理上的启迪，又能给人以心理上的愉悦感。

古希腊哲学家亚里士多德说过："比喻是天才的标志。"的确，善于譬喻，是驾驭语言能力强的表现。说理时运用贴切、巧妙的譬喻，可以生动地表情达意，增强说理的魅力。

【典型案例】

▲蹊田夺牛

公元前 598 年（周定王九年），南国霸主楚庄王兴兵讨伐杀死陈灵公的夏征舒。楚师风驰云卷，直逼陈都，不日即擒杀了夏征舒，随即将陈国纳入楚国版图，改为楚县。楚国的属国闻楚王灭陈而归，俱来朝贺，独有刚出使齐国归来的大夫申叔时对此不表态。楚王派人去批评他说："夏征舒杀其君，我讨其罪而戮之，难道伐陈错了吗？"

申叔时要求见楚王当面陈述自己的意见。申叔时问楚王："您听说过'蹊田夺牛'的故事吗？有一个人牵着一头牛抄近路经过别人的田地，践踏了一些禾苗，这家田主十分气愤，就把这个人的牛给夺走了。这件事如果让大王来断，您怎么处理？"庄王说："牵牛践田，固然是不对，然而所伤

禾稼并不多，因这点事夺人家的牛太过分了。若我来断，就批评那个牵牛的，然后把牛还给他。"

申叔时接过楚王的话茬说："大王能明断此案，而对陈国的处理却欠推敲。夏征舒弑君固然有罪，但已立了新君，讨伐其罪就行了，今却取其国，这与夺牛的性质是一样的。"楚王顿然醒悟，于是恢复了陈国。

▲昭阳撤军

楚将昭阳率领军队攻打魏国，杀死了魏将，打败了魏军，夺取了8座城池。昭阳乘胜带兵继续攻打齐国。齐王非常害怕，赶紧派遣陈轸出使楚国，说服昭阳退兵。

陈轸到了楚国，见到昭阳，一再拜贺他取得的巨大胜利，昭阳听后洋洋得意。陈轸问道："按照楚国的法令，战斗中杀死敌将消灭敌军的人，应该封什么官爵？"昭阳回答说："封官为上柱国，赐爵为上执圭。"陈轸又问："比这个官爵更显贵的是什么？"昭阳回答说："唯有令尹一职了。"陈轸说："这么说楚国要设置两个令尹了！"昭阳不明白陈轸的意思，问此话怎讲。

陈轸说："请允许我打个比方。楚国有个人在祭祀时，赐给他的舍人们一坛子酒。舍人们相互说：'这坛子酒，大家都喝肯定不够，一个人喝又有余。我们就在地上画条蛇，谁先画完谁先喝。'其中一个人先画成了，拿过酒来准备喝，他左手提着坛子，右手又去画蛇，说：'我能给蛇添上脚。'还没有画完，另一个人画完了蛇，夺过坛子说：'蛇根本就没有脚！'说着就把酒喝了。画蛇添足的人，倒把应该得到的酒让别人抢去了。如今将军为楚国而进攻魏国，已经得到8座城池，乘胜又要进攻齐国，将军现在已经功成名就了，如果还想官爵上再加官爵，可就危险了。如果不知道适可而止，最后必将身败名裂，就像那个画蛇添足的人一样。"

昭阳认为陈轸说得对，撤军离去。

▲连设四喻服襄王

楚怀王死于秦国后，楚襄王不思发奋图强，反以小人为亲信，荒淫肆虐，结果遭到秦军连年进攻，败兵削地。庄辛曾劝谏襄王而不从。后来，秦又连破楚国数城，襄王被迫弃都流亡。

庄辛从前次劝谏中吸取教训，他采用了一连串譬喻说："大王知道蜻蜓吗？它6足4翼，飞翔于天地之间，吃蚊虫，饮甘露，与世无争，自以为无忧无虑。却不知5尺孩童，正在做网兜抓它呢。"

庄辛用蜻蜓只知食饮，以为无患，放松警惕，结果被抓住的可悲下场，暗喻襄王只图眼前享乐，必致后患之理。接着庄辛又用黄雀、黄鹄连设二喻，劝谏庄王。庄王因庄辛之善谏，而任命他为阳陵君。

▲ 罗斯福的反击

1929年10月，美国爆发了经济危机，这一危机一直持续到1933年。在这期间美国工业生产总值下降了55.6%，国民生产总值从1040亿美元下降到410亿美元；1929年5月失业人数是150万人，到1932年时达到1288万人。富兰克林·罗斯福于1932年在"为美国人民实行新政"的口号中上台，成为美国总统。从1933～1939年，他为对付和缓和经济危机采取了一系列行政和法律措施，这就是美国历史上著名的"罗斯福新政"。

在新政的初级阶段，美国的大企业主们都暂时被迫接受罗斯福的方案。然而，当危机有所缓和后，他们就开始反击罗斯福了。1934年8月，大企业支持的右翼组织"美国自由同盟"在迈阿密开会，反对罗斯福新政，目标集中在反对劳工立法、税收立法和社会保险立法上。"美国自由同盟"的后台是杜邦家族、通用汽车公司、太阳石油集团以及华尔街的律师们。报纸上连篇累牍地咒骂罗斯福是向富人敲竹杠，说罗斯福天天都吃"烤百万富翁"。总之，他们完全忘记了当初自己在危机面前是怎样束手无策、惊慌失措的。

罗斯福对他们的忘恩负义感到吃惊，更感到愤懑，因为"新政"的最大受益者正是这些大企业主。为了反击这些大企业主，罗斯福在1936年的一次演说中作了生动的比喻："1933年夏天，一位戴着丝绸面礼帽的体面的老绅士，不小心失足落入码头边的水中，他不会游泳。他的一位朋友，看到情况紧急，和衣跳入水中，把他救了起来。可是珍贵的礼帽被水冲走了。老绅士安然脱险后，对朋友的救命之恩感激不尽。可是，3年过后，这位老绅士却大声责骂救命恩人，就因为丢失了丝礼帽……"

他又说："我知道所有那些度日维艰的个人主义者双膝颤抖不已，他们的心绪是多么不宁。这些病人们成群结队来到华盛顿，那时在他们的眼中，华盛顿变成了一个急诊医院。所有高贵的病人们都要求做两件事：要求迅速进行皮下注射来止痛，并对疾病进行有效治疗。我们满足了他们的要求。现在大多数病人的病情都有所恢复。他们中有些人身体已好到这种程度：能够对着医生把双拐扔过去了。"

通过这些演说，罗斯福平息了一些大企业主的愤怒，得到更多选民的支持。1936 年 11 月 3 日，他以美国历史上罕见的优势，击败了共和党候选人艾尔弗雷德·兰敦，再次当选总统。

明知故问

【心理战术】

以问为借口，表达自己难以说出的话。

装着自己不懂的样子，以问为借口，表达自己难以说出的话，达到自己预期的说服目的。

【典型案例】

▲苏世长劝谏

军事上的示形用拙，实质上是一种伪装术，能而示之不能，攻而示之不攻，声东实为击西，这些示形用拙，借以造成敌方的判断失误，从而为自己取胜打下基础。为了迷惑敌人，必须掩盖自己的企图，一些智力超群的人，却大智若愚，假痴不癫。《兵经·拙》说："历观古事，竟有以一拙败名将而成全功者。故日为将当有怯时。"意思是说：历史上常有假装愚笨战败敌将而功成名就的。可以说，做将领的人，必要时可以装做怯弱愚笨。

进攻的合法策略：

装着不懂的样子，提出十分尖锐的问题，虽然进攻性大，但不知者不为罪，十分难说的问题，却变得易于表达。

公元 621 年（唐高祖武德四年），窦建德、王世充等一些人还各据一方，不肯降服大唐，李世民带领将士正在前方浴血奋战，而唐高祖李渊却盖起了极为豪华的披香殿。苏世长以不知为借口，十分尖锐和直率地批评了唐高祖李渊。

唐谏议大夫苏世长在庆善宫披香殿陪唐高祖进餐，酒喝得正酣畅，苏世长突然对唐高祖说："这座披香殿是隋炀帝修建的吗?"

唐高祖说："你的劝谏好像很直率，但实际上很狡诈。你难道不知道这座殿是我修的，却故意说是隋炀帝修的?"

苏回答说："我实在是不知道是陛下修的，我只看见披香殿奢侈得像殷纣王的寝宫和鹿台一样，就断定不可能是兴天下的君王所修的，所以误认为是隋炀帝干的。假若真是陛下修的，那实在是不妥了。我以前在武功旧宅侍奉陛下的那会儿，看见的住宅仅能遮风挡雨，那时陛下已很满足了。如今续用隋宫留下的宫室，已经够奢侈了，可又建新的，陛下怎能避免重犯隋炀帝的过失呢?"唐高祖再三肯定了苏世长的话。

唐高祖修披香殿，苏世长岂能不知，他明知故问，只是打着不知作幌子，作为劝谏的巧妙借口。

▲试探策略

明知故问，也可作为一种试探，它以请教为名，表达一种信息，但又十分灵活，可进可退。这种作用是直言所不能达到的。

宋朝的刘太后辅佐幼帝处理军国大事，这在宋朝开国以来还是头一次。刘太后垂帘听政，掌握大权，有的大臣想讨好太后，就同她说起唐朝女皇武则天，暗中鼓动太后步武则天的后尘。刘太后精明敏捷，政治上很有一套，不免动心。一天她问鲁宗道："唐朝的武后是怎样的君主啊?"

刘太后明知故问，意思再明白不过了。想不到鲁宗道是个耿直忠心的大臣，他知道刘太后在试探自己，于是说："她是唐朝的大罪人，几乎把唐朝葬送了。"看到鲁宗道态度这么鲜明，太后愣了一会儿，没再说什么。

刘太后想学武则天，借着辅佐幼帝的机会，步起武则天的后尘来，但又不知道臣下对此态度如何，于是她明知故问，意在试探。她手法十分巧妙，打着请教的幌子，意图却表达得明明白白。当然她碰了钉子，鲁宗道忠心耿直，反对刘太后称帝的态度十分鲜明。

▲含蓄的提示

在社交场合，有时不能直说，但又不得不说的场合，妙用明知故问的策略，可以达到含蓄提醒的目的。这样的策略既能表达意思，又能避免不必要的尴尬。王佳荣是北京公交公司的优秀售票员，她的文明礼貌用语，赢得了许多顾客的好评。有一次，一个妇女抱着孩子提着大包上了公共汽车，有个青年主动让座，青年妇女边喘气边坐下，竟没有道谢，让座的青年有点不高兴。这时王桂荣摸着孩子的头说："多可爱的孩子，你知道这是谁让的座吗？"妇女猛然醒悟，连忙向让座的青年道谢，青年满意地笑了。

王桂荣明知故问，达到了提醒的目的。

戴高帽子

【心理战术】

给对方戴高帽子以消除对抗，化解矛盾，为观点认同打下基础。戴高帽通过赞美奉承，维护对方自尊心，消除对抗因素，把某种观念情感传递给对方，从而缩短心理距离，克服困难和对立，影响和改变对方的心理和行为。

戴高帽谋略，有其积极的一面，它的谋略意义和价值，它的柔化机制、鼓励机制、暗示机制，常常能消除对抗，化解矛盾，教育启发对方。

【典型案例】

▲奉承秦王救中期

秦始皇有一天上朝，因某事与大臣中期发生了激烈的争论。结果，中期赢了，秦王反倒输了，执拗的中期竟连一句客套话也不说便大摇大摆地走了。争强好胜的秦始皇觉得失了自家的体面，不禁勃然大怒。秦始皇的暴戾专横使大臣们为中期捏了一把汗，都想救中期，但又不敢上前。

这时有个人上前打圆场："中期这个人是个蛮人，性子倔，幸亏他遇上了您这样豁达宽容的明君，要是先前遇上了夏桀、商纣那样的暴君，那就肯定要被杀头的。"

一席话，把秦王说得心里美滋滋的，也就不把刚才的事放在心上了。

一席恭维的话竟然使秦王打消了杀中期的念头，"戴高帽"的效力显而易见了。

▲以奉承来鼓励对方

莎士比亚说过："希望别人有某种优点，你就赞美那人拥有你希望于他的优点。"某君是厂报记者，字写得很差劲，字迹潦草，看起来十分吃力，如果直截了当地指出，也许会引其不悦，不如换一种说法："你的文笔我佩服极了，我经常让自己的孩子看你的文章，因此，孩子文章也有了长进。但是如果你的字写得好一些，那就是锦上添花了。"这样进行教育，常常会收到明显的效果。

青工小李与张苹恋爱多年，但张苹又有了新的对象，便中断了与小李的恋爱。小李非常气愤，想寻机报复。小李的师傅知道了这件事，十分着急，因为他深知自己徒弟的脾气，他找到小李，对他说："听说你要去找她的茬儿，我可不相信有这件事，你不是那种没有眼光的人。你可是个有知识、有文化、知进退的人，怎么会去做这种事呢？那是傻瓜做的事。你看，我可没有说错吧，别人不知道你，难道我还不了解嘛！你说，我可没说错吧！"

这一席话把小李说得暗暗发窘，也只好顺水推舟地说，没有那回事，就放弃了报复的念头。

▲以奉承来暗示

戴高帽在奉承的同时，把某种观念和感情传递给对方，从而影响和改变某人的思想和行为。

女官劝说梁莹体检也证明了这一点。要让这位封建时代的名门闺秀脱衣验身，是件难度很大的事。但聪明机智的女官一是以"皇上的旨意"、"皇家的规矩"来规劝，同时又冠之以"皇后"尊称："皇后盛典期近，不能拖延，请皇后恕罪。"最终因为"皇后"这顶高帽子使得梁莹脱下了衣服。戴高帽子谋略之所以灵验，主要是通过奉承，在消除对立的同时，传达了一种信息、一种暗示，梁莹是从中得到顿悟和启发的。

戴高帽子谋略的运用要注意要有积极的目的和客观效果。谋略是一种手段，而不是目的。只有出自积极的目的并有良好的效果，戴高帽谋略才有积极的意义，否则便形同谄媚奉承。秦大臣对秦始皇戴高帽的规劝，结果使之放弃了杀中期的企图；梁莹得到了某种暗示，才打消顾虑，接受裸体验身。

但是，如果没有积极意义地戴高帽子，则给人以肉麻的感觉，过分地直露反而会引起对方的反感。

含糊其辞

【心理战术】

以伸缩性大的、变通性大的、语义不甚明确的话去回答不能直接回答而又必须回答的问题。模糊法是一种常用的舌战谋略。他以收缩性大、变通性强、语义不明确的词语回答一些不能直接回答而又必须回答或者一时难以回答又不得不回答的问题，从而化解被动局面，解决矛盾。

【典型案例】

▲外交官的模糊法

模糊语言，语义不明确，不做实质性的回答，措词含糊。这种语言的不明确性和无效性，使模糊法具有伸缩性强、变通性大的特点，它以虚对实，往往使舌战家们在咄咄逼人的发问者面前进退自若。高明的外交家都谙熟模糊法，古今中外都被广泛应用。模糊法被外交家称为"外交的最高技巧"，"使对方拿不定主意的原则"。

有位外交家对模糊法作了恰当的评价，他认为，把联合国看做是危险的场所，不如把它称做含糊场所为善，联合国秘书长周旋于近 200 个大小成员国之间，除掌握平衡之外，靠的是"模糊"术。他认为在历届联合国秘书长中瑞典人哈马舍尔德颇有名气，政绩赫然，应授予他"含糊一等奖"。

模糊法，是一种被称为舌战中的诡道，虚实术中的常规武器，一些小国以此为外交"国策"。

▲谁是第一

模糊法的妙用在于其答所不能答，在进退两难的窘境中，得以进退自如。

南齐时，有个著名的书法家王僧虔，是晋代王羲之的四世族孙。他的行书、楷书继承祖法，造诣颇深。

当时南齐太祖萧道成也擅长书法，而且自命不凡，不乐意自己的书法低于臣子。王僧虔因此很受约束，不敢显露才华。

一天，齐太祖提出要与王僧虔比试书法。于是君臣两人都认真地写了起来。写毕，齐太祖傲然问王僧虔："你说说，谁第一？谁第二？"

王僧虔既不愿贬低自己，又不愿得罪皇帝，他眉头一皱，说："臣的书法，人臣中第一；陛下的书法，皇帝中第一。"

太祖听了，只好笑笑了之。

▲ 应付刁难

模糊法的妙用，还在于对刁难有特殊作用。对心怀叵测的刁难，不妨含糊其辞地给予回敬。1982 年秋天，我国作家蒋子龙到美国洛杉矶参加一个中美作家会议。在宴会上，美国诗人艾伦·金斯伯格请蒋子龙解个怪谜：把一只 2.5 千克的鸡装进一只能装 2 千克水的瓶子里，问用什么方法能把它拿出来。

蒋子龙略加思索，答道："你用什么方法放进去，我就用什么办法拿出来。"

金斯伯格说："你是第一个猜中这个谜的人。"

王安石的儿子王元泽年幼时，有一位客人拿了两只笼子，笼子里各有一只獐，一只鹿，客人问："哪一只是獐，哪一只是鹿？"

王元泽年幼不识，便回答说："獐边是鹿，鹿边是獐。"客人听此妙答十分惊奇。

客人又把鹿和獐关进同一个笼子里，问王元泽哪头是鹿，哪头是獐。王元泽又回答说："獐旁边那头是鹿，鹿旁边那头是獐。"

▲ 答所不能答

模糊法对付那些不能直说或者因机密不便说的问题，常有奇效。

周恩来在一次记者招待会上回答一位外国记者关于中国人民银行的资金问题时，就是运用了模糊法。

周恩来明知这位记者的问题是意在讥笑我国贫穷，但出于礼貌又不能不答。"中国人民银行资金为 18.88 元，这是中国人民银行发行的 10 种主辅货币面额之和。中国人民银行是中国人民当家做主的金融机构，有全国人民做后盾，信用卓著，实力雄厚，它所发行的货币，是世界上最有信誉的一种货币。"

周总理的回答，以虚答实，机智而又巧妙，赢得了全场热烈的掌声。

模糊语言，因为"模糊"，因而具有伸缩性、变通性，因而当遇到在一定条件下很难解决的问题时，变不可能为可能，使不相容的问题，变得相容和一致。

有这样一个故事：3个考生进京赶考。路上，问一个算命先生，他们3个中谁能考中。算命先生闭着眼向他们伸出1个指头，却不说话。考生们莫名其妙，想追问个究竟，算命先生还是伸出1个指头作为答案。

考生走后，算命先生的徒弟问："师父，他们之中到底是谁中？"

算命先生说："中几个已全说了。如果只中一个，那么我伸的是1个指头；如果中了两个，那我的1个指头是说其中有一个不中；如果是全中了，我的1个指头是说一齐中。"徒弟说："如果3个人全不中呢？""那么，就是一个也不中。"

3个考生赶考可能有4种结果：中一个、中两个、全中、全不中。算命先生的模糊回答，无论答哪一种都不算错。考生的问题是不能回答正确的，而模糊语言却变不可能为可能，变不相容为相容。

模糊语言的伸缩性和变通性，往往可以使难以解决的问题得到重大的"外交突破"。基辛格在这方面是行家里手。借着模糊语言，先取得谈判的突破，然后，把许多细节留待以后再谈，他撮合埃及和以色列达成脱离接触的协议，靠的是"模糊语言"，埃及因此不承担背叛阿拉伯事业的恶名，以色列也不用戴上对敌屈膝投降的帽子。

中美联合公报，求同不存异，公开双方分歧。在台湾问题上的突破，靠的也是基辛格的"模糊"，公报说："海峡两岸的中国人都认为只有一个中国，美对此不持异议。"这句话，具有极大的伸缩性和变通性，照顾了有关各方的处境，使双方都能接受，为了这一句话，周总理十分赞赏："博士到底是博士。"

模糊法的应用及妙处人所共知，但有一点必须明确，该模糊的地方要模糊，不该模糊的地方绝不能含糊！

幽默风趣

【心理战术】

幽默是人类精神生活的调味品，感情的润滑剂，自卫的秘密武器。要学会取笑自己，这是幽默的最高层次。

幽默的心理战术是指面对困难时运用轻松愉快的态度，生动活泼风趣诙谐的语言，表达深刻的道理，揭露生活中的乖僻和不通情理的人和物。

【典型案例】

▲斧头修理电唱机

面对困境，一般人很难用轻松愉快的态度，风趣诙谐的语言表达深刻的道理。讽喻不通情理的事，所借助的不是理性逻辑，而是感性的幽默，试看以下一例：有一位大法官，他的邻居是一个音乐迷，常常把电唱机的音量放大到难以忍受的程度。这位法官难以休息，便拿着一把斧子，来到邻居门口，他说："我来修修你的电唱机。"

音乐迷一愣，急忙表示道歉。法官说："该抱歉的是我，你可别告诉法官们，说我把凶器带来了。"说完两个人像朋友一样笑开了。

法官说得非常幽默，他处理得极有艺术，没有拿出大法官的派头，没有指责，也没有恐吓，在开玩笑的形式中，委婉表达出自己的不满，而这种不满，没有讽刺，却有一些人情味，表现出一种温暖的感情。其效果也十分好，音乐迷不仅接受了批评，而且通过这次批评增进了友谊。

从上面一例中我们可以发现幽默有几种特点：首先，反常用兵。身处窘境，一般人往往感情用事，因而也陷入情感被动，为感情所驱使，不能以轻松的心情来变换视角，也因而失去幽默感。具有幽默感的人会有一种超常的发挥，使自己处于一种生动活泼的状态，而选择一种轻松有趣的而又意味深长的表达方式。音乐迷把电唱机的音量放到让人难以忍受的程度，而大法官不是破口大骂，而是选择了一种开玩笑的形式拿着大斧子修电唱机。这种幽默形式是理智的超常发挥。

其次，幽默并不主要借助理性逻辑说服对方，而主要借助轻松的调侃，用一种有趣的有效方式表达出一种人情味。法官批评音乐迷，没有指责，也没有说理，更没有恐吓，而表现的是一种友善的人情味，这为双方感情的交流创造了条件。

再次，幽默具有柔化机制。幽默借助有趣的形式和诙谐的语言，制造出一种和谐快乐的气氛，理性的批评常常被柔化，用轻松愉快的形式，表达自己的不满和厌恶。它虽然也带有攻击性，但并不尖锐，并不锋芒毕露，幽默的攻击也就具有自我保护的色彩，具有柔中带刚，绵里藏针的特色。毕加索对德国占领军的蔑视，锋芒毕露，针锋相对。而俄国诗人谢甫琴科对沙皇的蔑视显然幽默色彩强，他以愉悦的形式表达蔑视，尖锐被柔化，攻击中又带上防卫。

幽默是一种才华，是一种力量，是人类面对生活困境制造出来的一种文明，它以愉悦的方式表达了人的真诚、大方、心灵的善良，它像一座桥梁弥补人与人之间的鸿沟，你运用得越多，越能成为你人生的一部分，而且会给你带来越多的报偿。幽默有哪些作用呢？

▲以夸张表示反对

列宁说："幽默是一种优美的，健康的品质。"大凡具有幽默性格的人，都具有一种超凡的人格，能自觉地感受自己的力量，乐观豁达地应付困苦的窘境。

俄国幽默寓言家克雷洛夫和他的房东订租约，贪婪的房东写上：如果房租过期不交，就要罚款××。克雷洛夫看了租约，提笔在后面加上一个"0"。"啊，这么多！"房东惊喜地欢呼。"是啊。"克雷洛夫不动声色地回答，"反正一样赔不起。"面对窘境，克雷洛夫表现出一种轻松乐观的精神和无所畏惧的信念。

▲失败就是成功

爱迪生致力于制造白炽灯泡时，有人取笑他，说："先生，你已经失败1200次了。"爱迪生反驳道："不，我们的成就是发现了1200种材料不适合做灯丝。"

幽默不仅给人以豁达乐观的性格，而且给人以身心健康。现代医学证明，笑对心脏有好处，能调节过高或过低的血压，促进消化，增强活力。

幽默能够使我们消除生活中的紧张和焦虑，使我们神经系统和心血管系统的功能正常发挥。

▲总统不来了

幽默是调节人际关系的特殊处方。有一次，特鲁·赫伯到一家旅馆去住宿。旅馆职员说："对不起，我们的房间已经全部满了。"

赫伯问："假如总统来了，你是否有房间给他？"

"当然有。"职员说。

"好。现在总统不来了，那么你是否可以把他的房间给我。"

结果赫伯得到了房间。如果需要把别人的态度从否定改变为肯定时，幽默可是个特殊处方。

有人说，人可以分为生动的人和呆板的人。那么具有幽默感的人就是生动的人，与生动的人相处使你感到十分愉快，而与缺乏幽默感的人相处则使你感到乏味，在生活中你幽默感越强，则朋友越多。

▲幽默俘获冯玉祥

1923年秋，冯玉祥的原配夫人病逝。这时，北京许多姑娘爱慕冯将军，冯将军决定以面试的方式择偶。他一个个地向姑娘提问："你为什么要和我结婚？"回答多是："因为你是大官，与你结婚，就可当官太太。""你是英雄，我爱慕英雄。"

对这些回答，冯玉祥只好婉言拒绝。唯有李德全答得调皮："上帝怕你干坏事，叫我来监督你。"

一句话，巧妙而机智，拨动了壮士之心，冯玉祥遇到知音了，于是两人喜结连理。

▲自卫的秘密武器

幽默以有趣的方式反击出言不逊的人，因而柔中有刚，既能自卫，又不锋芒毕露。有一次周总理批阅完了文件，顺手把笔搁在桌子上，去接待一位美国记者。这位美国记者不怀好意地说："请问总理阁下，你们堂堂中国人，为什么还要用我们美国生产的钢笔呢？"

周总理听后，笑了笑说："提起这支笔啊，是朝鲜朋友抗美的战利品，作为礼物送给我。我无功不受禄，想谢绝，这位朋友说，留下做个纪念吧！

让学生聪明的心理方法

我觉得有意义，才收下了这支珍贵的钢笔。"美国记者听了总理的话哑口无言，面红耳赤。

幽默是一种优美的健康的品德，在窘境面前，常采用一种超常的应变对策，不为感情所驱使，而是沉着应对，随机应变，以一种轻松愉快的心情选择一种有趣的表达方式。

▲学会趣味思考

即不正面揭示和回答问题，而是用一种愉悦的迂回的方式揭示和回答问题。作家冯骥才旅居美国时，一位友好的华侨全家来访，双方谈得十分融洽，冯骥才突然发现客人的孩子跳到他洁白的床单上，这是非常令人不快的事，而恰恰孩子的父亲没有发现，冯骥才幽默地说："请你们把孩子带到地球上来。"于是这不愉快的事顺利地解决了。

刚言慑服

【心理战术】

以压倒一切的无畏精神和锐不可当的气势慑服对手。

刚言慑服是一种面对强暴正面直战，以压倒一切的无畏精神和锐不可当的精神气势及义正词严的言词慑服对手的一种谋略。

刚言慑服，以正压邪，往往是自己处于一种被动地位时采用的方式。因此，刚言慑服，首先靠的是压倒一切的无畏精神和锐不可当的气势。而这种精神和气势的价值和作用是不可忽视的，也是难能可贵的，它具有强大的作用和力量，有时能以少胜多，以弱抗强。这在政治斗争、外交斗争中屡见不鲜。

【经典案例】

▲徐有功刚言护法律

大理寺卿徐有功，每看到武则天要杀人的时候，总要依据法律同武则天争辩，曾经有一天与武则天争论不休，相持不下，徐有功竟然言词态度越来越严厉，武则天大怒，下令拉出去砍头。

徐有功回过头来说："我虽然被杀死，但国法终究是不可变的。"拉到街市上，正要行刑，武后传令免掉他死罪，但从官籍中除掉名字，贬为老百姓。像这样曾反复过多次，但他始终不曾低头屈服。

徐有功不畏权贵、刚直不阿，人们至今还怀念他。

▲以硬对硬

刚言慑服，不仅表现在政治斗争和外交斗争中，还表现在日常生活中。在政治思想工作中，扶正压邪，制服歪风邪气，往往需要一点刚气，需要来一些刚言。

某乡为了整治"脏乱差"，要清扫楼院。一个外号叫"二赖子"的人扬言："谁敢动老子的鸡窝，我叫他白刀子进，红刀子出。"乡党委书记听了，不信这个邪。老虎屁股摸不得，他偏要摸，歪风邪气斗不倒，正气也就无法抬头，工作也就不能开展。于是他只身一人找到二赖子家，毫不客气地往沙发上一坐，开门见山地说："你是动刀子呢，还是和平解决？"

他沉着脸，口气坚硬地说："我生死关都过了，从来不怕死，不要说红刀子白刀子，机枪大炮也没怕过，武装到牙齿的敌人也没怕过。但是我还是劝你和平解决，这对你我大家都有好处。"

书记正气凛然，威不可犯，"二赖子"被镇住了，他听说这位书记曾经出生入死，一身是胆。面对书记的凛然正气，他败下阵来，改口道："我不是不拆，是人手太少忙不开。"书记马上说："我有的是人，义务帮忙。"出头的钉子拔了，其余一些持观望态度的人纷纷自动将鸡窝鸭棚清除掉了，5天时间内，楼院场地焕然一新。

战胜邪气需要刚气，这就好比打仗需要锐气。《兵经·锐》曾这样描述锐气："两军迫近，高呼杀声冲入敌阵震破敌胆的，靠的是锐气啊。众人都不敢向敌人发起攻击，而那些敢于英勇进击的，是锐气的表现；优势的敌人蜂拥而来，敢于以劣势兵力迎击敌人的，是锐气的表现；冲入敌人阵地如入无人之境，是锐气的表现；勇猛矫健，如鹰击长空的，是锐气的表现；大将率先冲入敌阵，部队随之涌入，是军队和大将都有锐气的表现。"这种锐气，有胆有略，势不可挡，具有强大的震慑力。

刚言慑服，往往表现在对敌斗争和思想斗争中，表现在正气和邪气的正面冲突中，这种斗争往往是不可避免的。你不斗倒他，他就斗倒你；你不吃掉他，他就吃掉你。正能胜邪，就是因为这些邪恶势力是纸老虎，表面强大，实际是色厉内荏；表面气壮如牛，实际胆小如鼠。

在这种形势下，如以迂为直，或退让缓和，反而会助长敌方的嚣张气焰。秦王以 500 里之地换 50 里之地的安陵，这只不过是幌子，戳穿他的骗局之后，又以死相迫，针对秦王的"天子发怒，伏尸百万，流血千里"，唐雎刚强不屈，掷地有声地说出："士之发怒，伏尸 2 人，流血 5 步，天下人披麻戴孝就在今天了。"色厉内荏的秦王终于露出了纸老虎的原形。秦王如此，武后如此，二赖子也是如此。

让学生聪明的心理方法

情胜篇

以 情 感 人

【心理战术】

抓住人们的情感心理，用情感来感动对方和说服对方的战术。

辩说的基本方式是论理，强调以理服人，但绝不能忽视以情感人。杰出的辩说者在辩说过程中十分重视入情入理。缺乏情感的议论，往往不能使人动情；赋予议论以感情，才能发挥鼓动、激励和引导的作用。人是有感情的动物，理智上能接受的，感情上未必能通得过。因此不仅要从道理上把迷途者引出歧路，而且要从心灵上引起他的共鸣和震动，使其乐于在明辨是非之后踏上新路。以理服人，以情感人，事理和情感在论辩中缺一不可。

【经典案例】

▲晏子拒婚

齐景公有一个爱女，愿意嫁给晏子。于是景公就亲自来到晏子家摆宴。酒喝到兴头上，齐景公见到了晏子的妻子，问："这就是先生的妻子吗?"晏子说："对，是啊!"齐景公说："唉! 她已经又老又丑了。我有一个女儿，年轻而且漂亮，让她来做您的妻子吧!"晏子离开坐席站起身来说："我的妻子现在是又老又丑了，然而我和她在一起生活很久了，所以赶上过她又年轻又漂亮的时候。再说女人本都是在身体健壮、年轻漂亮的时候，把未来老丑的岁月托付给对方。我曾答应过妻子年轻时的托付。您虽然想对我有所恩赏，难道可以让我背弃她年轻时的托付吗？"接着拜了两拜，回绝了。齐景公深深被他的这种真挚的感情所打动，从此不再向他提嫁女的事了。

情胜篇

▲晏子谏景公轻徭役

齐景公修建了一座叫长庲的宫殿，没有竣工，还需要装饰美化。有一天风雨大作，齐景公和晏子到里面饮酒。酒正喝到兴头上，晏子情不自禁地唱起歌来，歌词道："庄稼熟了，却不能收获，秋风一吹，全都在田间散落，是风雨杀人啊，是老天不叫我们活。"唱罢，晏子流下泪来，又张开两臂起舞。面对这位流着泪唱歌起舞为民请命的老臣，齐景公感动了，他走到晏子跟前说："今天先生赐教于我，使我认识到自己的过错了。"于是撤去了酒宴，免去了百姓的劳役，下令停止修建宫殿。

▲申包胥哭秦廷

楚平王杀害了伍子胥的父兄，伍子胥立誓要灭亡楚国，为父兄报仇。后来，伍子胥到了吴国，首先帮助吴公子光夺取政权，公子光即吴王阖闾。又进一步策动吴王阖闾，趁楚国内政混乱的时机，兴兵攻楚，攻破了楚国的郢都。这时，楚平王已死，平王的儿子昭王仓皇逃走。伍子胥掘出楚平王的尸体，鞭尸300，算是出了怨气。

申包胥十分激愤，便找到了楚昭王商议恢复楚国的大计。不过这时的楚国，内部力量已经非常衰弱，非请邻国援助不可。申包胥主张向秦国求援，因为楚昭王是秦哀公的外甥，秦国不会坐视不救。楚昭王同意了。申包胥见了秦哀公，便竭力陈述楚国的危急和吴国的横暴。他说吴国好比"封豕长蛇"，贪得无厌，灭了楚国，势必继续扩张，侵入中原，那时秦国也太平不了。因此要求秦国快快发兵伐吴，这固然是帮助楚国复兴，也是为了秦国自身的安全。

可是，秦哀公却不愿意打仗，只是敷衍申包胥，说："你路上辛苦了，先休息休息再说吧。"申包胥不肯退下，继续恳切地请求，秦哀公一味敷衍，最后索性置之不理。申包胥在朝堂靠墙站着，痛哭不绝，连一口水都不喝。哭到第7天，申包胥跌倒在地，不省人事，秦哀公被感动了，说道："楚国有这样忠诚的爱国之士，不怕不能复兴。我们岂能不予援助！"当即亲自来到朝堂，抱住申包胥，赶紧把他救醒并且向他朗诵了《无衣》这首诗。

诗中有"修我戈矛，与子同仇"，"修我甲兵，与子偕行"等诗句，是拿起武器对付共同敌人的意思，申包胥知道秦哀公决定出兵了，便连叩了9个头，表示了最深的谢意。

秦国派出两员大将，带领兵车500辆，精兵4万人，和楚国的残余军队联合作战。正值吴王阖闾的兄弟夫概乘机带着自己的部队抢夺王位，阖闾只得停战撤兵，回去应付内乱。楚国收回了全部失地，楚昭王从此改良政治，重用贤才，楚国逐渐恢复了强国的地位。

▲周昌憨谏

周昌为人性格刚直，敢说直话，像萧何、曹参这些人都对他很尊敬。周昌曾经在高帝休息的时候进宫报告事情，高帝正搂着戚夫人，周昌转身就跑，高帝追上抓住他，骑着周昌的脖子问道："我是怎样的君主？"周昌仰着头说："陛下就是桀纣一样的君主。"皇上听后笑了，从此特别敬畏周昌。高帝想要废掉太子，立戚姬所生的儿子为太子时，大臣们坚决反对，可没有谁能说服皇上。周昌在廷争的时候最坚决，可他有口吃的毛病，周昌带着一肚子怒气，说："我的嘴不会讲什么道理，可我极……极知道这不行。陛下就算要废掉太子，我也极……极不服从命令！"皇上笑了。散朝以后，偷听的吕后在东厢房看见周昌，跪拜致谢说："没有您，太子险些被废了。"

▲缇萦上书救父

汉文帝时，齐太仓令淳于公有罪，该受肉刑，皇帝下令，将他逮捕解送长安。淳于公没有儿子，只有5个女儿。他被捕临行时骂道："生孩子不生男孩，有了急事，一点用处也没有！"他的小女儿缇萦听到了，伤心地哭了，便跟随父亲来到长安，向朝廷上书说："我父亲在齐国做官，国内的人都称赞他廉洁公平，如今犯了法，该受肉刑。我所悲伤的是，人死之后不能复生，受肉刑之后不能复原，即使想改过自新，也没有机会了。因此，我愿意入官府当奴婢，抵赎我父亲该受的刑罚，使他有机会改过自新。"

话虽不多，但说得凄婉诚恳，句句入理，字字感人。文帝看到后怜悯她的孝心，就下诏说："我听说有虞氏的时候，只是给罪犯穿戴有特殊图形或颜色的衣帽，作为耻辱的标志，然而民众没有犯法的。为什么能做到这样呢？因为当时政治极其清明。如今的刑法，有3种肉刑，而违法犯罪的人仍然不断，这弊病的根源在哪里？难道不就因为我的德行浅薄以致教化不明吗？我感到非常惭愧。动用刑罚使得犯人肢体断裂，皮肉损坏，终身不能复原，这是多么令人痛苦和不道德的做法呀，这难道符合为民父母的要求吗？所以应该废除肉刑！"

▲进直言，披肝沥胆

公元629年（贞观三年），李大亮任凉州都督。有一次有位宫使到了凉州，发现当地产著名的猎鹰，婉言劝大亮买来献给太宗。

李大亮秘密地向太宗上表说，陛下很久以前就表示不再打猎，可是使者却在找猎鹰。如果这是陛下的意思，那么就完全违背了您昔日居安思危，戒奢以俭的初衷；如果是使者擅自做主，假传圣意，就是陛下选用使臣不当。

太宗下书说："以卿兼资文武，志怀贞确，故委藩牧，当兹重寄。比在州镇，声绩远彰，念此忠勤，岂忘寤寐？使遣献鹰，遂不曲顺，论今引古，远献直言。披露腹心，非常恳到，鉴用嘉叹，不能已已。有臣若此，朕复何忧！宜守此诚，终始若一……古人称一言之重，侔于千金，卿之所言，深足贵矣。今赐卿金壶瓶、金碗各一枚，虽无千镒之重，是朕自用之物。卿立志方直，竭节至公，处职当官，每副所委，方大任，以申重寄。公事之闲，宜观典籍，兼赐卿荀悦《汉纪》一部，此书叙政简要，论议深博，极为政之体，尽君臣之义，今以赐卿，宜加寻阅。"

公元634年（贞观八年），陕县县丞皇甫德参上书说："修洛阳宫，劳民；收地租，厚敛；人们好梳高髻，是受了皇宫里的影响。"太宗见了很生气，对房玄龄说："德参想要国家不征一人劳役，不收一斗地租，宫女们都剃光头，才称心如意吗？"想要治他诽谤罪。

侍中魏征进言道："从前贾谊给汉文帝上书中说'可为痛哭者一，可为长叹息者六'。可见自古上书，言词大多激切。如果不激切，就不能引起君王的重视，可是一激切就有些像诽谤，希望陛下仔细考虑考虑。"太宗听了，深有感慨地说："除了您没有人能对我说出这番道理。"于是赐德参绢

20匹。

过了几天，魏征对太宗说："陛下近日不喜好别人说真话，虽然勉强听取了，也不像过去那么痛快和高兴。"太宗听了对德参再加优赐，拜他为监察御史。

▲百龄下跪

清廷让百龄任两江总督，他曾主持江河决口的修复，经过上下一个月的奋力苦战，决口终于合龙。大堤胜利合龙后，百龄照例要率百官到龙王庙行礼祭祀，祈求龙王保佑江堤平安。祭祀完毕之后，众僚属及其他随从人员等皆向百龄叩头祝贺。这时，身为封疆大吏的百龄忽然也随众一起跪下。众官一见总督大人也跪下了，皆大吃一惊，纷纷说道："大人快快请起，卑职与小的如何担当得起。"

百龄喟然说道："先前大家在合力堵塞决口时，并没有这么多的礼节，因为那时形势危迫，万一决口不能堵塞牢固，全堤溃塌，无论尊卑贵贱皆将丧生于洪水波涛之中。此处不是官场衙门，各位既然皆奋不顾身追随我，为朝廷效力，那么大家就都是我的好朋友，不分尊卑贵贱。"然后又手指官帽上的红顶子说："只要各位日后随我继续为朝廷尽忠效命，谁都可以戴上这红顶子的官帽。"众官员及随从听后皆大受感动，甚至有人痛哭于地而不能站起，皆表示愿追随百龄效命。

▲邵知县唤起手足情

清雍正年间，邵大业任湖北黄陂知县的时候，曾经审理过一件亲兄弟争家产的案件。

县城北郊有两个姓吴的亲兄弟，都已过六旬。本来他们合住在一起，共同奉养老父，彼此相安无事。后来老父去世，兄弟二人因分家产发生矛盾，伤了和气，闹得不可开交。起先族人出面调解，没有结果，于是便把官司打到了县衙门。

邵大业仔细地看过吴氏兄弟递上的状纸，又翻阅了有关此案的其他材料，知道这一对老年兄弟都是本分之民，虽然因争家产打官司，但兄弟之间的感情并没有完全破裂。他看完案卷后，并不向两兄弟询问诉讼的缘由，而是命衙役取过一面大镜子，放在两兄弟面前，问道："镜子里面的两人长得像不像？"

两兄弟回答说："像。"又问："他们是亲兄弟吗？"回答说："是。"问到这里，邵大业叹了一口气，伤感地说："我真羡慕镜子里面的兄弟二人，能够同过花甲，在晚年还能享受到亲兄弟的手足之情。我的弟弟最近去世，使我失去了亲骨肉，永远不能再享受手足之情了。兄弟之情是无价的，如果为了争家产而失去了手足之情，得到的家产再多又有何用！"邵知县的话深深地打动了两兄弟，使他们惭愧地低下了头，表示要用相互礼让的方式解决分家产的问题。

▲不卑不亢的演讲

深圳蛇口工业区党委书记袁庚，在涉外经济活动中善于同外商斗智周旋。一次，袁庚出访某国，与某财团谈判，要在蛇口工业区合资经营新型浮法玻璃厂。对方恃其技术设备先进的优势，向我方漫天要价，谈判陷入僵局。

一天，某财团所在的市商会邀请袁庚发表演讲，袁庚欣然前往。他在发表演讲时，若有所指地说：

"中国是个文明古国，我们的祖先早在 1000 多年前，就将四大发明——指南针、造纸术、印刷术、火药的生产技术，无条件地贡献给人类，而他们的后代子孙，从未埋怨他们不要专利权是愚蠢的；相反，却盛赞祖先为推进世界科学的进步作出了杰出的贡献。现在，中国在与各国的经济合作中，并不要求各国无条件地让出专利权，只要价格合理，我们一个钱也不少给……"

袁庚不卑不亢的精彩演讲，赢得了与会者的热烈掌声，也促使这一财团在以后的谈判中，愿意降低专利费与我们携手合作，双方由此达成了近亿美元的合作项目。

▲善于驾驭听众心理的林肯

亚伯拉罕·林肯在成为总统之前当过律师。一天，林肯正在律师事务所办公，一位老态龙钟的老妇人找上门来。一进门她就十分激动，哭诉起自己的遭遇。原来，她是位孤寡老人，没有子女，丈夫在独立战争中为国捐躯了，她每月靠抚恤金维持生活。前不久，抚恤金出纳员勒索她，要她交付一笔手续费才可领钱，而这笔手续费多达全部抚恤金的一半。林肯听后十分气愤，决定免费为老人打官司，教训一下这个没有良心的出纳员。

法庭开庭了，那个出纳员是口头勒索的，没有留下任何凭据，因此在法庭上指责林肯无中生有。但林肯十分沉着，他两眼闪着泪花，抑扬婉转、充满感情地回顾了英帝国对殖民地人民的压迫，以及爱国志士如何奋起反抗，如何忍饥挨饿地在冰雪里战斗，为了美国的独立而抛头颅，洒热血。

最后，他说："现在，一切都成为过去。1776年的英雄，早已长眠地下，可是他那衰老而可怜的夫人，就在我们面前，要求申诉。这位老妇人从前也是位美丽的少女，曾与丈夫有过幸福愉快的生活。不过她已失去了一切，变得贫困无依。可是某些人享受着烈士争取来的自由幸福，还要勒索他的遗孀那一点微不足道的抚恤金，有良心吗？无依无靠的她，当她不得不向我们请求保护时，试问，我们能熟视无睹吗？！"

听众的心早已被感动了，法庭里充满哭泣声，一向不动感情的法官也眼圈泛红。被告的良心也被唤醒，再也不矢口否认了。法庭最后通过了保护烈士遗孀不受勒索的判决。

现身说法

【心理战术】

通过发生在自己身上的例子来解除对方的心理戒备，进而说服对方的心理战术。

人们的思想是有某些共同规律的，积极寻找这种共同规律，先通过解剖自己，再推及他人，以求在思想上引起对方共鸣，这就是现身说法术的要义。

【经典案例】

▲邹忌讽齐王纳谏

战国时期，齐国的相国邹忌，常常思考着如何使齐国强盛起来。而齐国强盛的关键是使齐王虚心纳谏，励精图治。

有一天，邹忌早上起来照镜子，在镜中他看到自己修长的身材，俊美的容貌，楚楚的衣冠，颇有点扬扬自得。他边照镜子边问妻子："你说我与城北的徐公谁美呀？”妻子不假思索地回答：“你美极了，徐公怎么比得上你？”

邹忌有点不信，因为徐公是远近闻名的美男子，于是又问其妾，妾说："徐公怎么比得上您呢？"这天有客人来访，邹忌又问客人，客人说："徐公不如您美。"这使邹忌飘飘然起来。恰巧第二天徐公来访，邹忌仔细看着徐公，又看着镜子里的自己，反复对比，怎么看也是徐公比自己美。这引起了他的深思：明明徐公比自己美，可是妻、妾与客人却都说自己比徐公美，这是什么原因？

他终于想出了答案：妻子说他美，是偏爱他；妾说他美，是惧怕他；客人说他美，是有求于他。

于是邹忌上朝去见齐威王，对他讲完了这段亲身经历的体会后，说："今齐地方千里，百二十城，宫妇左右，莫不私王；朝廷之臣，无不畏王；四境之内，莫不有求于王。由此看来，您受的蒙蔽太深了。"

齐王听罢邹忌的话，于是下令全国："群臣吏民有当面揭发批评我的过错的，受上赏；上书揭发批评我的过错的，受中赏；能在大庭广众之中揭发批评我的过错的，只要被我听到了，受下赏。"这道求谏令刚下，群臣纷纷进谏。几个月之后，偶尔有来提意见的；一年后，即使想提意见也没的可说了。

齐国因此很快强大了起来，燕、赵、韩、魏各国都到齐国来朝贡。

▲瓦尔兰说服爱德将军

主持巴黎公社财政工作的瓦尔兰原是装订工人，他每天经手巨款，但从来不私自动用分文。一天深夜，瓦尔兰在审查公社委员会办公费用的单据，发现一张帝国服装商店的6千法郎账单尚未支付。他经过调查，发现这是公社委员爱德做将军制服的账单，就提笔批了几个字：公社没有钱购买这样贵重的衣服。并对会计说："这份账单不能支付，请你退给爱德将军。"

爱德将军知道后很生气，他找到瓦尔兰，不满意地说："难道公社连这点钱也没有？我就不信！"瓦尔兰态度温和地对爱德将军说："您身上的制服确实已经很陈旧了，但是我们应该看到，公社财政方面的情况十分严重，几十万人的吃饭问题必须首先解决。凡尔赛和普鲁士的军队包围着我们，我们前线的物资供应十分紧张，这点您比我更明白。"

瓦尔兰拉着爱德的手继续说："你我都是穷苦人，过去替资本家卖命，饭都吃不饱，哪里会想到昂贵的制服？现在工人选举我们管理公社，我们应该对工人阶级负责啊！"

瓦尔兰的一番话说服了爱德将军。他看了看瓦尔兰：身上仍穿着那套装订工的旧衣服，衣袖与两肩早已磨破，一条黑色军裤也有几处补丁。爱德将军惭愧地说："是的，我不应该这样做，感谢您的帮助，请相信我吧！"说完亲自去退了货。

▲女王的动员

1588 年，西班牙的无敌舰队侵犯英国。英女王伊丽莎白一世在提尔伯利向军队作了一次简短的动员，她说："我所爱的人民，我们已接受那些关心我们安全人士的劝说，承诺要加强多方面的武装力量，以防止叛乱发生。"

"但是，我要向你们说明，我不希望怀疑我所爱的、忠心的人民。希望那些企图叛乱的人能迷途知返。在上帝之下，我谨守自己的言行举止，贡献我的全部力量，去保卫那些忠诚的、善良的人民。因此，这次我来这里和你们聚在一起，就像你们看到的一样，并不是为了我个人的消遣娱乐，而是决心在战火中与你们同生死共患难，即使成了土灰，也要把我的诚意和我的热血奉献给我的上帝，我的国家以及我的人民。"

"我知道我有女性娇弱的身体，但我却拥有一个国王的心胸，而且是一个著名的英国国王。试想那些贪得无厌的西班牙或者任何欧洲国家的王子，如胆敢来侵犯我国的领土，我绝不会忍受这种耻辱，我必披上戎装，作你们的将领、裁判者、酬报者，奖赏你们在战场上的功劳。"

"你们这种为国家牺牲奋斗的精神，必定会受到奖赏。我以国王之名再次向你们保证，国家将会好好地感谢你们。"

 **推心置腹**

【心理战术】

推心置腹，以心换心，这是人们日常生活中最常用的心理战术。

给人打通思想，解开疙瘩时，要把对方置于与自己完全平等的地位，推心置腹，肝胆相照，使对方把自己当成知音、益友和亲人，在谈话时既不隐瞒自己的观点和自己的缺点，也不回避对方的弱点和坦诚的批评。将心比心，推己及人，这种建立在相互理解基础上的交谈，最具有说服力。

【经典案例】

▲范雎见秦王

范雎见秦王，秦王在庭院中迎接他，说："我早就应该亲耳聆听您的教诲了，可是正赶上处理紧急事务，我天天要亲自去请示太后；现在麻烦总算过去了，我这才能够亲自接受教诲，深感自己的糊涂和迟钝。"他十分恭敬地以宾主之礼接待范雎，范雎却一再推辞谦让，表示不敢承当。这天凡是看到范雎受接见的人，都吃惊不小。

秦王遣退侍从后，直起身来请求说："先生以何事赐教我？"范雎说："是是。"过了一会儿，秦王又请求赐教，范雎又说："是是。"这样反复了三次。秦王着急地挺直身子说："先生不肯赐教于我吗？"

范雎致歉地说："不敢，不敢。我听说，当初吕尚遇到文王的时候，他身为渔父，在渭水北岸钓鱼，可见他同文王之间的交情很浅。然而一席话后，文王就任命他为太师，两人同乘一辆车回去，可见他们谈话的内容非常深入。后来文王果然由于任用吕尚建立了功业，终于夺取天下，成为帝王。设想一下，假如当时文王疏远吕尚，不和他深入地交谈，那么周就没有成为天子之国的福分，文王、武王也不能成就他们的大业了。"

"现在我是一个从异国来寄居的人，和大王没有交情，可是我希望陈述的，又都是有关匡正君臣过失的事情。我处在你们君臣亲于骨肉的交情之间，希望陈述自己愚陋的忠心，却又不知道大王心里怎么想。所以大王3次发问而我不回答。我并不是由于害怕而不敢直说，即使我知道今天说了，明天就可能遭到杀身之祸，我也不会有所畏惧。"

"只要大王实行我的主张，即使死，我也不认为是什么祸患，即使逼我逃亡，也不会有什么忧伤，即使用漆涂身而生癞疮，披散头发成为疯子，也不认为是什么耻辱。五帝圣明，最终是死；三王仁爱，最终是死；五霸贤能，最终是死；乌获孔武有力，最终是死；孟贲、夏育勇猛，最终也是死。死，是任何人所不能避免的。"

"人总有一死，只要对秦国稍微有所贡献，就实现了我最大的愿望。我还怕什么祸患呢？伍子胥被装在口袋里逃出昭关，夜里走路白天躲藏，到了溧水，没有食物糊口，跪着走，爬着走，在吴国的街市上乞讨，最后终于使吴国兴盛，使吴王阖闾成为霸主。假如让我像伍子胥一样能为大王出谋献策，即使把我囚禁，终身不能再见大王，只要我的主张得以施行，我又有什么忧虑呢？箕子、接舆用漆涂身而生癫疮，披散头发成了疯子，对于殷、楚却毫无益处。假如让我与箕子、接舆有同样的遭遇，只要对我认为贤明的君主有裨益，就是我最大的光荣，我又有什么遗憾呢！我所恐惧的，只是怕我死了以后，天下人看到我尽忠而死，因此而堵上嘴，捆起脚，没有谁肯到秦国来呀！"

"如今您上怕太后的威严，下被奸臣所迷惑。住在深宫里，始终不离保、傅的手，只会一辈子糊里糊涂，无法认清奸恶的小人，其后果往大里说可以覆没祖庙，往小里说您将陷于孤立危险的境地。这才是我所恐惧的！至于那受穷受辱的事，杀头逃亡之祸，我是不畏惧的。如果我死了而秦国能够治理好，实在比活着好多了。"

秦王感动地说："先生这是说哪里话。秦国处在偏远的地方，我又愚陋不贤明，先生竟然来到这里，这实在是上天让我烦扰先生，使先王的庙宇得以幸存，使我能受到先生的教诲，这是上天垂佑先王，不愿抛弃他们的后代呀！今后不论大事、小事，涉及的人上到太后，下到大臣，希望先生都能尽心开导我，不要有什么疑虑。"

▲陈赓帮老教师放包袱

1952 年，陈赓从朝鲜回国后，担任了军事工程学院院长兼政治委员。随着学院的迅速筹建，数以百计的学有专长的老教师陆续被调来学院。陈赓把老干部和老教师当做学院的两根支柱，经常教育军队老干部，要尊重、团结知识分子一道工作，注意同教授们交朋友。

有一天，陈赓专门召集老干部、老教师一起开会。在会上，他先讲述廉颇、蔺相如将相和的故事，然后对大家说："工农老干部和知识分子相结合，才能实现国防现代化。"陈赓号召教授、专家做学院的主人，在政治上，陈赓对教授、专家十分信赖，对他们的情况非常了解，做到用人不疑。

他常说："社会关系复杂一点不怕，只要清楚。"

有一次，学院保卫部门反映：有个教员是台湾国民党某大员的妹妹，不宜留校工作。陈赓说："她确有个哥哥是国民党的要员，可是她还有个哥哥是我们党的中央委员。她没有跟国民党的哥哥跑到台湾去，却跟共产党的哥哥留在祖国大陆，不正好说明她是进步的嘛！"保卫部门的同志终于被说服了。

有些高级知识分子由于社会关系比较复杂，历次运动中常因此受到冲击，心有余悸。陈赓就亲自找他们谈心。他恳切地说："你们历史上有什么问题，有些什么社会关系，把它讲清楚就是了。放下包袱，好好工作。难道你们的社会关系比我的还复杂？我家里是大地主，我给蒋介石当过副官，还背过蒋介石，救过他的命。问题不在于同蒋介石有没有关系，而是在于同蒋介石是什么关系，不要把过去的社会关系当做包袱。"

还有不少高级知识分子，背上了"剥削阶级家庭出身"的包袱，对改造思想失掉信心，对于自己的前途感到渺茫。陈赓就开诚布公地向他们讲解党的"有成分论，但不唯成分论，重在表现"的政策，还用自己亲身经历的事例启发大家：1927年发生"马日事变"时，在湖南长沙屠杀共产党员和人民群众的国民党军队的团长许克祥，也是湖南湘乡人，老家距离陈赓家只有几里路。许克祥家里原来很穷，他的父亲是个碓匠（专做舂稻子用的碓），在乡里走街串巷谋生，每年夏、冬二季，都要到陈赓家里干活。陈赓说："由于选择的道路不同，我这个大地主的儿子成了共产党员，他这个穷苦家庭出身的人却成了反革命分子，一个人的阶级立场是可以改变的。关键在于你选择什么样的道路，树立什么样的世界观！"

幽默诙谐

【心理战术】

以表面滑稽诙谐，实则严肃的态度，制造出一种轻松愉快的氛围，使对方在笑声中领会自己的意图，进而放松对立情绪，接受自己的观点，这也是辩说者常用的一种心理战术。

林语堂说："凡善于幽默的人，其谐趣必愈幽隐，而善于鉴赏幽默的人，其欣赏尤在内心静默的领会，大有不可与外人道之滋味，与粗鄙显露的笑话不同。幽默愈幽愈默而愈妙。"

【经典案例】

▲庄子见魏王

庄子穿着打了补丁的大布衣服，用一绺麻绳捆住破了洞的鞋子，去见魏王。

魏王说："怎么先生这么潦倒呢？"

庄子说："这是贫困，不是潦倒啊！一个士人，有道德而不能实践，才叫潦倒。衣裳坏了，鞋子破了，这是贫困，而不是潦倒。这就是人们常说的生不逢时啊！您就没有见过善于腾跃的猿猴吗？当它生活在楠、梓、樟这样高大挺直的乔木之间的时候，腾挪跳跃，俨然是林中之王；即使后羿、逢蒙那样的射手也不敢轻视它啊！等到它处于荆棘丛生的灌木丛里，就只能行动拘谨，左顾右盼，担惊受怕了。这并不是猿猴的筋骨变紧了，失去了韧性，而是因为它处境恶劣，不能施展自己的才能。如今我身处昏庸的国君和作乱的国相之间，要想不潦倒，怎么可能呢？比干被剖心而死，就是明证啊！"

▲"放我回家"

隋文帝时，有个善于说笑话的人叫侯白。宰相越国公杨素特爱听他说笑话。这天，侯白给杨素说了许多笑话，离开杨府时已是傍晚。谁知刚出府，又碰上杨素的儿子杨玄感。这位公子死缠着侯白不放，非让他去讲笑话。无可奈何，侯白说：

"有一只老虎，肚子饿极了，一大早就去野外找食吃。地上躺着一只刺猬，老虎以为是块好肉，就想一口吞进肚里。不料，刚一张口，就被刺猬夹住了鼻子，疼痛难忍。老虎不知碰到什么怪物，吓得纵身逃跑，一口气跑回深山老林，又困乏又惊恐，便昏昏睡去了。老虎鼻子上一直带着刺猬，等老虎睡了，刺猬才放开老虎。这一下，不疼了，老虎才想起腹内空空，便一跃而起又去找食。没跃出多远，便见到一棵橡树。低头一看，那橡树的果实毛茸茸的，跟小怪物（刺猬）似的，便心有余悸地说：'今天早上遇见了您父亲，现在又碰上了您。请让一让路，放我回家吧！我肚子里还没食呢！'"

杨玄感听了，果然不再纠缠侯白了。

▲谢绝求见

文学大师钱钟书先生，是个"甘于寂寞"的人。他最怕被宣传，更不愿在报刊上露面。

他的《围城》出版后，在国内外引起了轰动。许多人对这位作家比较陌生，想见一见他，但都被他谢绝了。

一天，一位英国女士打来电话，说她很喜欢《围城》，想见见钱先生。钱先生婉言谢绝没有效果，便以特有的幽默语言对她说："假如你吃了个鸡蛋觉得味道不错，何必要认识那个下蛋的母鸡呢？"

▲一种特殊的幽默风格

信手拈来经典名言与不伦不类的连篇歪喻相结合，构成钱先生特殊的幽默风格——谐中有庄，荒诞中有机智。他在《谈教训》中提出一个歪论："假道学比真道学更可贵，自己有了道德来教训别人，那有什么稀奇，没有道德而也能以道德教人，这才见得真本领。有学问能教书，不见得有学问；没有学问而偏能教书，好比无本钱的生意，那就是艺术了。"

这本是反语，可他偏偏说得振振有词，有时还在征引多种经典之后，层层演绎，明明是诡辩，逻辑上的漏洞全然不顾，却作雄辩之状，其歪理歪推之气魄不能不使读者又惊讶又佩服。为使得他的这个幽默歪论显得庄重，他还引用了西方格言、王阳明的《传习录》等，言之凿凿，以歪语警世："没有道德的人犯罪，自己明白是罪；真有道德的人害了人，他还觉得是道德应有的牺牲。""世界上的大罪恶、大残忍——没有比残忍更大的罪恶了——大多是真有道德理想的人干的。""上帝要惩罚人类，有时来一个荒年，有时来一次瘟疫和战争，有时产生一个道德家。"

连续的歪理歪推，越推越歪，最后却歪打正着。读者虽然明知他的推理常常是歪加比附，十分可笑，然而，却从中看到了钱先生愤世嫉俗的机智。

▲笑说"顾问"

袁世凯窃取辛亥革命果实，在北京执政，为装饰门面，派专人到湖南邀请清末著名学者王闿运到北京担任"顾问"。王为人耿直，正义感强，对袁世凯独裁十分不满。他在住宅门外大书一副嵌字对联，表面上看似自我调侃，其实表露出不与袁合作，不愿同流合污的深意。袁世凯听说这些事，十分恼火，因碍于王的名望，只好悻悻地把他送回湘潭老家，免了这"顾问"的麻烦。

当代学者钱钟书先生，对顾问有一段幽默解释："所谓'顾问'，常常是顾虚名而不问实务；顾此而失彼，问东而答西；一顾倾人城，一问三不知。因此，大可不必。"

▲萧乾自述

我最初走进文学这圈子既不是先天的赋予，也不曾因隔墙见了桃花枝子，被羡慕的心情诱进园门。我是被生活另一方面挤了出来，因而只好逃到这肯收容病态落伍者的世界里来。

童年的时光都葬在一个每天3遍经的破尼庵里。我在别的功课上都来得占先，唯有笔算，成天被维新的塾师骂做"木头"。于是，纵没犯规矩，手心每天起码要照顾三四板子。

遮我这低能的丑的是每礼拜六贴在校门洞的作文榜。名字摆在前3名差不多成了惯例。于是，我在笔算班去忍痛，再到作文班去吐气。

在初中，我忽然对"设 X"的一次方程发生了浓厚兴趣。居然能用自己的力量拿过月考的100分。在我追赶别人的决心快坚定时，那代数教员被教会里较有势力的一个人挤走了。那时我已成了几乎没有人管的孩子了。上午读半天书，下午走到一个地毯房去学手艺。学校里用的是硬木板子，毯房里用的是铁耙子。终于，在双重刑具之下，我支持不住了。我放弃了文凭的完整，而硬不再上代数班。

科学的门从此把我关在外面了。于是，我揉摸迷着羊毛屑的眼，读着一些"不实际"的文艺书，终于被赶到灰色的路上去。我爱文学，但文学并不是我有意选择的。世上或有天生的文人，但我深知道我不是。

▲要是我有另一副面孔

在美国历届总统中，林肯是最有幽默感的了。众所周知，林肯的容貌是不怎么样的，他常常很不在乎地开自己的玩笑。

竞选总统时，他和民主党人道格拉斯辩论，道格拉斯说他是两面派。对此，林肯从容不迫地回答："现在，让听众来评评看，要是我有另一副面孔的话，您认为我会戴上现在这副面孔吗？"

▲评议会不是洗澡堂

德国女数学家艾米·诺德，虽已获得博士学位，却没有"资格"在大学开课。

当时，著名数学家希尔伯特十分欣赏艾米的才能，他到处奔走，要求批准她为哥廷根大学的第一名女讲师。但在教授会上还是出现了争论。

一位教授激动地说："怎么能让女人当讲师呢？如果让她当讲师，以后她就要成为教授，甚至进大学评议会，难道能允许一个女人进入大学最高学术机构吗？"

另一位教授说："当我们的战士从战场回到课堂，发现自己拜倒在女人脚下读书，会作何感想呢？"

希尔伯特站起来，坚定地批驳道："先生们，候选人的性别绝不应成为反对她当讲师的理由。大学评议会毕竟不是洗澡堂！"

▲出色的园丁

有个美国女子到巴黎游览。一天，她忽然看到有个老头儿在一所漂亮的别墅花园中浇水，他那勤恳操劳的姿态，使这位美国女子想到法国人真是头等的园丁，在美国是找不到这样的园丁的，现在既然邂逅，为什么不带他回国去呢？

于是，她走到那位老头儿跟前，问他愿不愿意到美国去做她家的园丁，她可以给他很高的工资，还可以负担他的旅费。

"夫人，"老头儿回答说，"真是不巧，我还有另外一个职务在身，一时离不开巴黎。"

"你统统辞掉吧！一切我都会给你补偿的。除了园丁，你还兼营哪种副业？是养鸡吗？"

"不是，"老头儿说，"我希望他们下次不要再选我，我就能接受你的美差了。"

"选你做什么呀？"

"选我做总统。"

"啊……"美国女子惊叫起来,"你是……"

"我是法国总统安理和。"

▲里根的幽默

里根和加拿大总理皮埃尔·特鲁多是老乡,因此在美加外交关系上,两位首脑就没少利用这个优势"求同"。特鲁多曾特意请里根到自己的老家,并以老乡身份盛情款待,其乐融融。

当里根以美国总统的身份第一次访问加拿大期间,他们自然少不了发表演说。可加拿大的百姓一点也不体谅他们的总理,在举行反美示威的人群中,不时有人打断这位明星总统的演说,特鲁多深感不安。倒是里根洒脱,笑着对陪同的加拿大总理皮埃尔·特鲁多说:"这种事情在美国时有发生,我想这些人是特意从美国赶到贵国的。他们想使我有一种宾至如归的感觉。"紧皱双眉的特鲁多顿时眉开眼笑了。

为你着想

【心理战术】

一切以维护对方利益为出发点进行说服的心理战术。

辩说者不但要以道理去说服对方,而且要从感情上去打动对方。用什么去打动对方呢?当然是自己的诚意,而体现这种诚意的便是要设身处地为对方的利害、得失、毁誉、穷达等着想。

【经典案例】

▲陈馀说章邯

秦朝的大将章邯的军队驻扎在棘原,项羽的军队驻扎在漳南,两军相持,尚未交战。秦军几次后撤,秦二世派人责问章邯,章邯恐惧,派长史司马欣请示朝廷。司马欣到了咸阳,逗留了3天,赵高都不接见。司马欣恐惧,逃奔回军,而且不敢走原路,赵高果然派人追杀他,没有追到。

司马欣回到军中,报告说:"赵高在朝中当权,下面的人不可能有作为。如果作战胜利,赵高必定忌妒我们的功劳;如果战而不胜,我们难免一死。请将军仔细考虑。"

陈馀也写信给章邯说："白起为秦将，往南征服楚都鄢郢，往北坑杀赵国马服君的大军，攻城略地，不可胜数，竟然被朝廷赐死。蒙恬为秦将，北逐匈奴，开拓榆中土地几千里，竟被朝廷斩于阳周。为什么呢？功劳太大，秦朝对其忌惮，只好找借口诛灭他们。"

"如今将军做秦将3年了，损失兵员以10万计，而诸侯军纷纷起事，越来越多；赵高素来谄媚奉承，时日已久，现在形势危急，害怕二世杀他，因此想找借口杀掉将军来搪塞责任，然后派人接替将军来解脱他的祸殃。将军在外时间久，朝廷内嫌隙自然很多，有功是死，无功也是死。况且上天要灭亡秦朝，无论智者愚者都是知道的。"

"现在将军对内不能直谏，对外成了亡国之将，自身十分孤立，却想长久保全自己，岂不可悲！将军何不倒戈，与诸侯联合，相约共同攻秦，瓜分秦地为王，南面称孤道寡。这跟身伏斧砧，妻儿被杀相比，又怎么样呢？"

章邯听后，下定了反秦的决心。

▲司马相如谏猎

司马相如口吃，不善言谈，但善于著书作文。他曾经跟随天子到长杨宫打猎，见天子喜好亲自去射猎和追逐野兽，于是上书劝谏道：

"臣下曾听说，事物虽属同类而能力却大不同，以人类为例，说到勇力，就数秦武王时的勇士乌获；说到快速射箭，就数吴王僚之子庆忌；说到勇猛，就数古代的勇士孟贲、夏育。人类中既然有这种情况，兽类也理应如此。如今陛下喜欢登临险阻之地，去射猎猛兽，如果猝然间遇到凶猛超群的野兽，为了活命，向您扑去，您的车驾来不及回避，您的随从来不及应付，即使有乌获、逢蒙那样的绝技也不能发挥，这岂不等于胡人、越人出现于您车毂之下，羌人、夷人逼近了您的车舆，岂不是太危险了！即使您严加防范，这种凶险仍然不是天子所应该冒的。"

"再说即便是先清道然后前行，车马在行驶的途中，还时时可能发生事故。何况要经过水草之地，跨过高丘，车上的人一心想着前去猎取野兽之乐，内心没有应变的准备，那可能出现的危险不是更可怕吗？轻视天子之重，喜欢做可能有危险的事以求娱乐，臣下以为这不是陛下应该做的。"

"明达的人能够预见尚未发生的事件，聪慧的人能够躲避看不见的危险，灾祸本来大多隐藏在人们容易忽略的地方，发生在人们不防备的时候。因此民间的谚语说"家累千金，坐不垂堂（不坐在堂屋的边沿之外，以免发生坠落的危险）"这句话虽然说的是小事，但小可以喻大，臣下希望陛下多多考虑。"

▲丰臣秀吉体贴下属

丰臣秀吉领导日本完成了从割据到统一的霸业。他的权势达到了登峰造极的地步。

有一年，松蘑获得了空前的丰收。丰臣秀吉偶然听到了这一消息。提出要亲自去采集松蘑。他的家臣们听后，甚是为难，因为时令已过，松蘑早被采光了。

家臣们绞尽脑汁，终于想出一条妙计。头一天晚上，他们便在一片地里插满了松蘑。第二天，秀吉来到这里，面对满地的松蘑赞叹不已。此时，有个善于趋奉的家臣走过来，悄悄对秀吉说："殿下，这松蘑是昨天晚上才插上的……"周围的家臣见到这种状况，顿时吓得面色苍白，因为他们知道，秀吉对弄虚作假的人一向严惩不贷，有时竟会动用残酷的刑罚。此刻，倘若秀吉勃然大怒，便不堪设想。

然而秀吉听了这位善于趋奉的家臣的话后，脸上一点儿惊奇的表情也没有，接着面对大家微笑着说："我是农民出身，松蘑长得什么样当然比你们更清楚。我来到这里一看，就觉得这片松蘑长得奇怪。可这毕竟是出自大家的一片苦心。对大家为满足我突然提出的要求而表示的心意，我怎能加以责怪呢。相反，倒应该认为这是一件值得高兴的事。看到好久没有见到的松蘑，勾起了我对往昔农村生活的怀念，这真是一件令人愉快的事啊！你们的心意没有白费，为了表示我的谢意，这些松蘑就分给大家去品尝吧！"

慷慨陈词

【心理战术】

利用对方不能违背公理、公义和普遍道德准则的心理，来说服对方的心理战术。

慷慨陈词，往往反映出论说者某种崇高的理想、坚定的信念、不移的气节、浩然的正气和雄辩的口才。它具有一种巨大的冲击力，就如千仞之瀑在对方的心里激起阵阵波澜，势不可遏，具有强烈的激发力和感染力。

【经典案例】

▲越石父请求与晏子绝交

晏子去晋国，到了中牟，看见一个戴着破帽、反穿皮衣、身背草料的人在路边休息。晏子看他像是一个有学问有道德的人，就问他："您是做什么的?"那人回答说："我是越石父，给人家做奴仆来到中牟，现在将要回去。"

晏子问："怎么做了奴仆?"回答："没有别的办法免除我挨饿受冻，所以做了奴仆。"晏子问："做奴仆多久了?"回答说："3年了。"晏子问："可以赎身吗?"回答说："可以。"于是晏子卖掉左边拉车的马给他赎了身，让他上车和自己一同回到齐国。

到了家，晏子没有向越石父打招呼就进去了。越石父一看，很生气，要与晏子绝交。晏子派人对他说："我与先生不曾有过交情，您做了3年奴仆，我今天才见到，就把您赎了出来，我对您还不好吗? 您为什么要与我绝交呢?"

越石父回答说："我听说要成为一个士，不在于了解手下的人哪里会受屈，而在于了解手下人在哪里才能施展自己的才华。身为君子，不因为有功于人而对人轻慢;也不因为别人有功于己而不向对方提出自己的批评。我替人做了3年奴隶，那是没有人了解我。今天您赎出了我，我认为您是非常了解我的。先前您上车，没有与我打招呼，我认为是您忘了，现在您又不打招呼就进去了，这与那个以我为奴仆的人对待我的方式完全一样，我不如还是去做奴隶，请把我卖掉吧!"

晏子感到很内疚，走出来与他相见，说："以前我看到的是您的外貌，而今才看到了您的人格。我听说对于知错即改的人不再提他的过错，注重实际的人不计较别人言辞失礼，我可以请求您不要离开我吗? 我诚心想改正对您失礼的过错。"于是晏子让人打扫庭室，重新安排酒席，待越石父为上宾。

▲孟子答公都子之问

公都子问孟子说："外界都说老师喜好争辩，请问是怎么回事呢?"

孟子说："我难道是无缘无故地好辩论吗? 我这是不得已啊! 人类社会形成已很久了，一治一乱，交替出现。帝尧在位的时候，洪水横流，中原大地成了龙蛇的家，人民反而无处安身，于是低处的人在树上筑巢，高处的人顺山坡打洞。《尚书》说：'泽水威胁着我们!'泽水，就是洪水。帝舜派遣大禹去治理，大禹挖通河道，使洪水泄入大海，把龙蛇赶进沼泽。水循河道流去，形成了长江、淮河、黄河、汉水等江河。洪水泛滥的险阻去掉了，鸟兽害人的祸患消除了，然后人民才得以在大平原上居住。"

"尧舜禹去世之后，圣人的大道衰落了，暴君一个接一个地出现。他们毁坏房屋，建造观赏鱼鳖的池沼，使人民没有安居的处所；他们废弃田地，建成观赏禽兽的园林，使人民得不到衣食。邪僻的学说和暴虐的行为又随之出现，曾经平息的水患又多了起来，曾经销声匿迹的禽兽又来到了平原。商纣王当政时，天下乱得不可收拾。于是周公辅佐武王，杀了纣王。后来，又用了 3 年时间讨伐叛周的奄国，杀了奄君；把纣王之臣飞廉赶至海边诛灭——总共攻灭了助纣为虐的 50 个小国。把祸害民生的虎、豹、犀、象驱逐到了远方。因此天下百姓都无比喜悦。《尚书》说：'多么光明啊，文王的谋略! 发扬光大啊，武王的功业! 保佑启示我们后人，使得后人都正确而无欠缺。'"

"然后，世道又衰微了，异端邪说、残暴行径又开始肆虐，有臣子杀了国君的事，也有儿子杀了父亲的事。孔子深感忧惧，不得已作了《春秋》。其实通过编写《春秋》这样的史书来揭示是非善恶，本是应该由天子来决定的大事啊。所以孔子说：'理解我的用心的，大概是由于这部《春秋》吧! 责怪我不安分的，大概也是由于这部《春秋》吧!'"

"孔子去世之后，圣王不再出现，诸侯肆无忌惮，处士议论横生，杨朱和墨翟的言论充斥天下，社会上的学说不是归属杨朱一家，就是归属墨翟一家。杨氏标榜'为我'，等于否定了忠，这是目无君上；墨氏主张'兼爱'，等于否定了孝，这是目无父母。目无君上，目无父母，这就成了禽兽了。"

"这种状况，正如公明仪所说，厨房里有肥肉，马棚里有肥马。老百姓面黄肌瘦，原野上躺着饿死的人——这是率领野兽来吃人啊！杨、墨的主张不消灭，孔子的大道不显扬，异端邪说必然会蒙蔽百姓的心思，堵塞仁义的道路。仁义的道路一旦被堵塞，必然会天下大乱，就会出现率领野兽吃人，乃至人吃人的局面。我因此而忧虑不已，于是挺身而出，保卫前代圣人的大道，反对杨墨的主张，驳斥荒唐的言论，使异端邪说不能得势。因为这种异端邪说，会扰乱人心，也就危害了政治。即使圣人复出，我也不会改变这个论断的。"

"从前，大禹制服了洪水，于是天下太平；周公兼并了夷狄，驱逐了猛兽，于是百姓安宁；孔子作成了《春秋》，于是乱臣贼子不敢放肆。《诗》里说：'戎狄受到打击，荆舒受到惩创；我的锋芒谁敢抵挡！'像杨、墨这样目无君上、目无父母的人正是周公所要打击的。我为了端正人心，消灭邪说，反对偏颇的行为，驳斥荒唐的言论，决心继承大禹、周公、孔子3位圣人的事业。这怎么是逞能好辩呢？我是不得已啊！只有那些能够发表议论来反对杨、墨的人，才配称做圣人的门徒呀！"

▲苏秦嘲楚王

苏秦到楚国后，等了3个月才见到楚王，他谈了没多久便马上向楚王辞行，楚王说："寡人听到先生的大名，就像是敬佩古代的贤人那样敬佩您，如今先生不远千里的劳苦来到寡人这里，竟然不肯逗留，希望听听此中的原因。"苏秦回答说："楚国的食物比宝玉还贵，柴薪比桂木还贵，负责通报的守卫就像鬼那样难求，大王就像天帝一样难得拜见。现在让我吃着宝玉，烧着桂木，通过小鬼拜见天帝，怎么能够愉快？"楚王听了，心生惭愧地说："请先生回到馆舍去好好歇息吧，寡人听到您的指教了。"

▲栾布哭彭越

栾布出使齐国，还未返回时，汉高祖刘邦以谋反罪诛杀了功臣名将彭越的三族，随后将彭越的头悬挂在洛阳城门上示众，并且下令说："有敢于收殓或祭祀彭越的，立即逮捕。"栾布从齐国返回后，专程来到洛阳城门祭祀彭越，对着他的头痛哭不已。

官吏逮捕了栾布，并将此事报告了皇上。刘邦召见栾布，骂道："你与彭越一同谋反吗！我禁止人去看他，你却偏要祭他哭他，你参与彭越谋反的事实已经很清楚了。"下令立即烹杀栾布。左右的人正举起栾布走向汤镬的时候，栾布回头说："希望能让我说一句话再死。"

皇上说："你想说什么？"

栾布说："当皇上在彭城受困，兵败于荥阳、成皋一带的时候，项王之所以不能顺利西进来攻打你，是因为彭王据守着梁地，跟您联合，牵制着楚军。那时，彭王联楚，汉就失败；联汉，楚就失败。再说垓下会战，没有彭王，项羽不会灭亡。天下平定之后，朝廷曾把表示凭信的符给了彭越，封他为王。彭王既然接受了封爵，当然也想要世世代代地保有它。现在陛下征集军队，彭王因病不能前来，陛下就产生了怀疑，认为他谋反却并未掌握谋反的证据。然而您却苛求小节，诛灭他的家族。我担心这样一来有功之臣都会人人自危。现在彭王已死，我已生不如死，请把我下汤镬。"

刘邦听了，决定赦免栾布的罪过，任命他做都尉。

 投其所好

【心理战术】

投其所好就是通过抓住对方最感兴趣的环节来打动和说服对方的心理战术。

不少企业都强调要提高产品质量，抓新产品开发。那么，提高质量和开发新产品的标准和依据是什么？是产品越高档功能越多越好呢，还是从消费者的角度考虑，抓产品的实用性和可靠性，以满足消费者最实际的需求为好？正确的策略显然是后者，因为，只有迎合消费者的需求心理，才能生产出适销对路的产品，在占领市场的竞争中稳操胜券。

【经典案例】

▲不干水钢笔的诞生

江苏江阴市金笔厂是一家 200 来人的乡镇企业，生产的"环球"牌系列钢笔近年来已获得 5 项国家专利。

"环球"系列钢笔，有专供企业家使用的"老板笔"，适合财会和科技

人员使用的"特细笔",应女士之需的电脑刻花"女士笔",以及礼品笔、美工笔、签名笔……档次不同,外观各异,林林总总,5大系列40多个品种。产品中有一种不干水的钢笔,拧开笔帽,暴露在空气中一二十分钟接着书写,笔尖不干,下水顺利;变换书写角度,笔画则可粗可细,粗的笔迹非常像用小楷毛笔书写的,其中的秘密就在于双层复合笔尖这一新技术成果的应用。

这个厂产品的开发成功同新闻界有关。1990年年底,《人民日报》高级记者艾丰写了一篇不长的"经济漫笔",题目叫《向笔厂进一言》。文章提出,我国目前生产的钢笔、圆珠笔虽然花样很多,但最基本的质量——书写的功能,并不理想,有许多的笔,连流畅地下水都做不到,稍一停笔,就再也写不出字来了。作者希望生产厂家能注意解决这个消费者最关心的问题。

文章在《人民日报》刊登之后,国内众多的钢笔生产企业似乎没有什么反应。唯独江阴市金笔厂千里迢迢找上门来,并拿出了他们新开发的不干水钢笔,请文章作者"试试看"。

经过时达半年、历经不同季节的试用后,艾丰对使用效果"相当满意",于是,在《人民日报》上又发了一篇《再向笔厂进一言》的"经济漫笔",讲述了试用"不干水钢笔"的前因后果。文章最后写道:"这件事情虽然不大,但我感触颇深。产品质量确实不是小事,它的后面是机制,是人,是精神。一支小小的金笔也是如此。"

▲ 以快速服务闻天下

一天,在日内瓦大学学习的法国人塞尔日·克拉斯尼昂斯基丢了钥匙,望着门上的锁束手无策。他突然想到,要是能快速配钥匙该多好啊!从此,他就如痴如醉地琢磨开了。1963年,在他毕业前创办了第一家快速配钥匙公司。次年,他创办了比利时吉斯公司。1968年他开设了第一家生产制钥匙机的工厂,取得了吉斯商标(Kis)专利证。从此,吉斯商标成为人所共知的名牌,他也开始发家。

塞尔日·克拉斯尼昂斯基永不停息,他要使他的快速服务深入其他领域,他要成为快速服务的发明家。1974年,他创办了快速刻字业务。1977

年，他创办了快速印刷业务。那年，他从拉丁美洲瓜特罗普岛旅行回来，带回来一个想法：冲扩照片像配钥匙、配高跟鞋一样耽误不起时间，要是也能加快速度就好了。于是，他立即组织一个科研攻关小组，开始研究起来。

3 年后，样机造出来了，但体积太大，又笨重又贵，他不满意，继续改进，到 1982 年终于成功了。吉斯的"迷你照片冲扩中心"堂而皇之地进入了所有的商场。1985 年，他又推出彩色复印机。现在，吉斯正在着手研制快速制饼干机和快速药物分析机。

塞尔日·克拉斯尼昂斯基的企业营业额以 10 倍的速度递增。1972 年，他在欧洲各国创办了快速配钥匙公司。1973 年，他的 800 台快速配钥匙机打进了日本市场，证明了吉斯的优异功能比最强的竞争对手还略胜一筹。1979 年，他在美国开设子公司。开业不到 3 年，其营业额远远超过了在法国本土的营业额。吉斯产品体积小，使用方便，价格便宜，使用效率特别高，它正在不断占领世界市场。

▲先辩论再销货

纳弗尔是费城一家煤矿的经理。煤矿附近有一庞大的联号商店，这家联号商店每年需要大量的煤，然而，商店几年来一直不在矿上买煤，却到郊外一个商人那里买。纳弗尔十分生气。为了生意，他苦思冥想，得出一计。

他指使手下的人搞了一次演讲："联号商店的扩展是否是国内商业的巨大不幸"。这次辩论会影响很大。纳弗尔自己登台为联号商店辩护，在第一个回合就败下阵来。于是，他直接找到那家大联号商店的总经理，首先谈了辩论的情况，然后说："除了您，我想不到还有谁能给我提供我需要的真实情况，我很想在辩论会上获胜。如果您能帮助我，我会很感激的。"

商店总经理十分热情地提供了许多见解及数据。两人谈了很长时间，十分投机。当纳弗尔离开时，商店总经理亲自送出，把手放在纳弗尔的肩上，祝他辩论成功，并说："请在春季到我这里来吧，我想同您签订供煤合同。"

▲"带镜头胶卷"

随着世界范围消费者对环保的关注，增加生活垃圾并由此可能加剧环境污染的"一次性用品"，在发达国家声誉日下。

日本富士公司的拳头产品——"一次性相机"似乎也难逃同样的厄运。于是，富士公司最后作出决定，将已使用了多年的"一次性相机"，易名为"带镜头胶卷"。该公司还拨出巨资设计出一条"再生生产线"，包括闪光灯在内的 20 种零件都能回收利用，而不能回收的仅镜头一件。这样，"带镜头胶卷"从名称到实质都摇身一变成为"非一次性用品"，迎合了消费者的心理。

▲省油汽车畅销美国

底特律是美国著名的汽车生产基地，有"汽车城"之称。但是，从 20 世纪 70 年代开始，日本汽车在美国很畅销，80 年代比 70 年代更畅销。原因是，70 年代发生了石油危机，美国公众急需体积小又省油的汽车，日本生产的正是这种汽车，而底特律却未能认清世界汽车市场的根本变化。有的汽车制造厂家认为过不了多久石油又会变得便宜而充足；有的认为美国人绝不会改变对大体积的美国汽车的自豪感而去购买小体积的日本汽车；有的则两种看法兼而有之。当底特律终于发现自己面对的是一个截然不同的新世界时，再去设计和改进汽车已为时太晚。

▲美国饭店迎合日本游客

每年前来美国旅游的日本游客估计有 330 万，他们为美国旅游业带来可观的收入，这对近年陷入不景气的美国酒店业显得更加重要。酒店和旅馆为争取日本游客，各出奇谋，新招层出不穷。

要争取日本游客，最重要的一点是了解日本人的需要，投其所好。美国酒店考虑到这点，提供了各种迎合日本人需要的服务。例如：为照顾日本的饮食习惯，纽约的雷特兹—卡尔顿酒店供应每位游客 18.5 美元的日式早餐，包括鱼、日本汤、面包，另外赠阅日本报纸。其他酒店如 Stouffer 酒店采取类似的策略，提供额外的服务，包括日式浴袍、能说日语的接待员或翻译设备。酒店有专人负责客人登记入住和退房事宜。一些酒店更进一步，派人接机和送机。

▲利用星星发大财

在当今商品世界中，无数人都在绞尽脑汁，以奇制胜。加利福尼亚的一家公司开办了一项最新业务，凡交纳 25 美元的人均可将浩瀚银河中尚未命名的星辰用自己的名字命名。该公司为交纳 25 美元的人出具证明书。此外还可以向公司买一张该星在太空中所处的位置图。当然，这些图都是随便画成的，并不代表具体星辰的真实位置。虽然人人皆知这是一宗虚无缥缈的"买卖"，然而结果却是众人争先恐后，卖者大发其财。

这一公司的成功，在于他们洞察了人们都想使自己"流芳百世"及"永垂不朽"的心理，从而使公司面目全新，成为实力雄厚的大公司。

▲故布疑阵

商品滞销、货物积压是商人的一大心病。古今中外的商人们绞尽脑汁，想出了各种巧妙的办法来推销商品，其中，尤以日本的"福袋"最为成功。

每当春节过后或店铺开张吉日，日本的各商店、百货公司经常出售"福袋"。"福袋"的价格一般为 100～200 日元，价格虽还算合理，但可靠性并不大，有些商店常把推销不出的积压商品装进"福袋"坑骗顾客。因此，常有人向报社投诉。尽管也偶有幸运者能买到价值较高的商品，但由于必须付钱后才能打开袋子，所以在购买前，消费者根本不知道里面究竟是何物。禁不住好奇心的驱使，许多人一再解囊购买，因此"福袋"的生意总是非常好，有些百货公司甚至一口气推出了几十万个"福袋"，赚足了钱。

每个人都有"窥视"的好奇心，越是看不见的东西，越容易激起人们一探究竟的强烈兴趣。日本市场"福袋"的畅销，正投合了人们"因为看不见，所以偏偏想看"的心理。

▲美国的"爱用国货"运动

美国的"爱用国货"运动逐渐兴起。全美的社会福利义务工作者组织——买美货基金会于 1991 年春天设立，活动所需资金由会员自行捐赠。他们定期为顾客派送推荐信函，目的是推动全民用美国产品。

该基金会会长表示，美国人在贸易赤字扩大过程中，误以为美国货的品质差，任何进口货都要强过美国货；而事实上，美国有许多优质产品。只要公平比较之后，发现美国货的价格、品质与进口货相当或更好，就推荐给消费者购买。这是该会推动"买美货"运动的宗旨。该基金会至今并没有做过正式的广告宣传，只是偶尔见诸全美各地的地方性报纸。看到类似报道而要求入会的人源源不断，不知不觉中已超过 1 万人。

爱用国货运动在该会的推动下，现已延伸到其他方面。例如：亚美利坚邮购公司以"专卖美国的优异产品"来吸引消费者；沃尔玛在卖场设立美国产品专区；固特异公司更在宣传用的各种资料上加注"美国唯一的轮胎制造商"。

死心塌地

【心理战术】

"小错严厉，大错不究"，是培养死心塌地下属的有效心理战术。

【经典案例】

▲士为知己者死

对一位身经百战的军人来说，最大的耻辱莫过于军旗被敌人夺走。日本明治时代的乃本将军在西南战争时，被叛军夺走了"联队旗"，但是当时任大元帅的明治天皇并没有因此而责备他。乃本非常感激，终生永铭恩德，坚定了"士为知己者死"的志愿。

▲安慰下属

任何人铸成大错时，都会强烈地反省，例如：在争夺冠军的棒球赛中，双方打成平手，第 9 局下半场，没人出局，二垒有人。可是二垒的跑者因为大意，被牵制球封杀出局，此队员当然是心情沮丧地退出场去。此时，如果教练当着全体队员的面责骂他，这个队员一定会倍加伤心而无地自容；相反，如果教练说"没关系"，安慰他，鼓励他，那么这个队员在感激之下，必能不负众望，在延长赛中打出全垒打。

"人非圣贤，孰能无过。"上述 2 例是上级对属下不计前嫌，且更加信任他的实例。要责骂属下非常容易，但更重要的是怎样以鼓励代替责骂，让下级更努力地工作。

最糟糕的方式是，下属一有错误，经理就用同样的方式责备他。下属在这种错误——责备、错误——责备的机械反应下，养成了一种习惯心理，唯一的办法就是硬着头皮听，而收效不大。下属做错事后，如果经理再给

情胜篇

予严厉的责骂，就会破坏上下级之间的和谐关系。

比较高明的办法是，当下级有了一点小错时，要勤于提醒他；当他犯下大错误时，则不追究其错误，而是鼓励他不要怕犯错误；如果有条件，就让他继续做下去。

任何人犯了大错误都会自责，如果犯错误者不仅不被追究，反而受到鼓励，自然会感激不尽，以后即使他犯了小错误而受到责备，也不会产生对抗心理，反而会衷心感谢，产生"一切为了他"的耿耿忠心，稍微苛刻的要求也会答应。

小错要责备，大错则不究，会提高下级的忠诚程度。

请教悦心

【心理战术】

尊对方为师，谦虚地向对方请教，让对方感觉到自己被尊重和被重视的心理满足和喜悦，从而拉近与对方的心理距离，获得对方的好感。

【经典案例】

▲请前辈多多赐教

丰田公司在每年3月左右，通常会招收一些新职员。一些本来无精打采的老职员会因此而变得活跃。这些老职员平常相互间处得并不亲密。现在新职员进入公司，由于对环境缺乏了解，一上班就会向老职员请教公司里的业务工作或其他方面的事。这些新职员往往很听话，也容易成为老职员教训的对象，从而满足老职员的一点虚荣心。

这些老职员也常常想比其他同事更优秀更出人头地。别人向他请教时就是体会这种优越感的机会之一。平常这种机会并不太多，所以新职员的到来会使老职员感到高兴。

这种情况并不局限在公司里，人总是希望别人来向自己请教。让别人满足教训欲的同时，你也就得到亲近别人的机会。也就是说，令对方产生优越感，我方就需扮演"新进员工"的角色，从而亲近对方。学生的文章或毕业论文，结尾总是附上"请各位老师给我指教"或写"请各位前辈老师不吝赐教"等套话。这其实是为了让审查文章的老师有心理优越感。换言之，这是一种讨好老师的心理战术。虽然老师也明白这仅仅是俗套文词，但面对如此礼貌的学生，对文章的批评就放松了许多，说不定学生的成绩会因此多得 5 分。

假如想攻破对方坚固的堡垒，需接近对方，利用人所具有的教训本能来请教对方即可。

一般老年人总是显得比较固执，经常持批评的态度对待周围的事物，所以是不易打交道的人；可是另一方面，老人总喜欢回忆并讲述自己当年引以为荣的往事。其实这是"教训本能"的一种反映，老人有比其他人更强烈的教训本能。

会讨好老人的人，为了让老人满足这种本能，会耐心听老人讲话而不在乎老人的责备或责骂，自始至终显示出一副诚心请教的笑脸。一旦老人喜欢这种态度，就会放松警戒心。当你得到老人的青睐后关系就能变得很和睦了。

要让对方感到满足，我方就应向他请教，让对方担任老师的角色。

冷处理

【心理战术】

冷处理是一种以冷静的态度平息事态、缓解激情，从而达到自己预期说服目的的心理策略。

说服对方贵在攻心，如果对方情绪激动，理智常常为感情所代替，此时最佳的说服方法是采取冷处理，用各种方法使他冷静下来。此时，最糟糕的处理方法是以热对热，自己也情绪激动，结果扩大事态，激化矛盾，最终走向说服目的的反面。

【经典案例】

▲ "将相和"的故事

冷处理说来容易，但真要做起来却并不那么容易。战国时期蔺相如面对廉颇的忌妒，采用冷处理的策略对待，其结果是将相和好，共同辅佐朝廷，这便是广为流传的"将相和"的故事。

渑池会后，赵王还朝。蔺相如因立下大功被封为上卿，地位在廉颇之上，廉颇对此很不高兴。廉颇不服气地说："我身为赵国大将，曾经多次攻城野战，出生入死，立下了汗马功劳。可是蔺相如原本是个职低身卑的人，只因在渑池会上动动嘴皮子，就被封为上卿，地位还居然在我之上，这太不公平了。对这事，我觉得很是羞耻，也实在受不了了。"他公然宣称，"如果我碰到蔺相如，一定要羞辱他。"

蔺相如听到廉颇的话后也不理睬。以后出门，如果远远地望见廉颇的车子，就赶忙吩咐车夫调头回避。蔺相如的这种做法使其门客不理解也觉得受不了。门客们对蔺相如说："我们离开从前的主人来投靠您，就是因为仰慕您为人仗义。可是现在廉颇当众说了那么多令人难堪的话，您不光不同他理论，反而每次碰见他都躲得远远的。您实在是太丢脸、太胆怯了。这样的做法，就是一个平常人都会感到羞愧，更何况与廉颇地位相同、身为上卿的您呢？我们没有什么才能，对您帮助不大，请让我们回家吧！"

蔺相如见门客们对自己不理解，就解释道："依各位所见，廉将军与秦王哪个厉害？"大家都说："廉颇将军比不上秦王。"蔺相如说："请各位想一想，秦王威名远扬，我却在渑池会上当面呵斥他，使秦国的满朝文武都蒙受了耻辱。我蔺相如虽然不才，我会不怕秦王而怕廉将军吗？我之所以如此，就是因为只要有我和廉将军在，强大的秦国才不敢出兵侵略我们赵国。如果现在我和廉将军两虎相斗，一定要拼个你死我活，不能共存，那时秦国必定再来侵犯，国家命运就不堪设想了。我对廉将军忍辱退让，就因为要先考虑国家的事情，然后才能顾及个人的恩怨啊！"

廉颇后来听到这些话后，万分感动，立即解衣露膊，背着荆杖，请门客做引导，到蔺相如府上谢罪，说："我是个没有知识的糊涂人，请您宽恕我！"

从此以后，蔺相如与廉颇相处得非常好，成为了誓同生死的朋友。

蔺相如和廉颇之间从未有过正面交锋，蔺相如的一席话是间接传过去的，但其效果却非常好。廉颇是赵国的一员大将，有攻城野战之功，看到蔺相如地位在他之上，一时受不了，扬言要羞辱蔺相如，也是情有可原的。

蔺相如不战而屈人之兵，折服秦王于樽俎之间，他可谓功高盖世！蔺相如用冷处理的办法来对待廉颇，首先是避免了与其正面交锋，其次是以间接的办法说明这样做的道理。蔺相如的一席话字字珠玑，感人肺腑，以至使廉颇负荆请罪。试想倘若蔺相如不采用冷处理的策略，在廉颇头脑发热的时候讲同样的一番话，显然不可能得到"将相和"的效果。

采用冷处理策略首先自己要冷静，要冷静地分析现状，冷静地处理矛盾，冷静地采取对策。面对情绪化了的对方，面对侮辱性的话，自己也就不容易冲动而不能自已了。因此，高明的舌战家自己一定是一个强者，忍人所不能忍，这个时候只有先战胜自我，才能再战胜别人。蔺相如之所以"怕"廉颇，是因为他有先国家后个人的胸怀，也正是因为他有这种精神，所以才能忍辱负重，才有采取冷处理谋略的心理基础。

▲让感情宣泄

如果对方气势汹汹地找上门来，又不可能回避时，舌战老手也有应对的妙着，方法很简单，避免公开交锋，想法让对方先冷静下来，再解决问题就会易如反掌。

"您的心情我理解，有话好说，来，先喝杯茶消消气。""您的意思我明白，详细情况慢慢再谈，等我了解一下情况，一定立即给您满意的答复。"类似这样的话都可以先缓解对方的怒气。这种冷处理的方法，可以一方面等待对方心平气和，恢复理智；一方面也可以了解真实情况，寻找对策。

让对方的怒气宣泄出来，从而达到心理平衡，然后再进行说服工作。

有一次，在某商店里，一位顾客气势汹汹地找上门来，喋喋不休地说："这双鞋鞋跟太高了，式样也不好。"

商店营业员一声不吭，耐心地听他把话说完，一直没有打断他，也没有和他争论。等这位顾客把话说完后，营业员才说："您的意见很直爽，我很欣赏您的个性。这样吧，我到里面去再另行挑选一双，好让您称心。如果您不满意的话，我愿再为您服务。"于是营业员又拿出一双鞋摆在了顾客的面前。

这位顾客的不满情绪发泄完了，也觉得自己有些太过分了，又见营业员总是不动声色地回答自己的问题，也很不好意思。结果他来了个180度的大转弯说："嘿，这双新鞋不错，就像是为我定做的一样。"

热处理

【心理战术】

热处理是与冷处理相反的方法。热处理是借用对方激情冲动的谋略，是激发对方感情，从而达到自己预期目的的一种舌战策略。

催化对方情绪，使之产生激情和冲动，有其特殊的价值。这种情感冲动，又产生了强有力的情感反应，强化人的心理压力，最大限度地调动对方的主观能动性，成为推动和鼓舞对方行动的巨大力量。

【经典案例】

▲激怒她，让她发奋

某职工的女儿学习钢琴的自觉性不高，态度冷淡，她的父母常为此伤神，于是就向心理学家请教。

回来之后，他们带女儿到少年宫听钢琴演奏会，并且不时称赞这些小演员聪明，多才多艺，他们在演奏会上故意欣赏得出神。

听完音乐会后，该职工故意对女儿说："我觉得你比那些孩子差些，不愿意弹钢琴就算了，反正对于你来说，弹钢琴等于浪费时间。"女儿听了这些话后勃然大怒，生起气来，好几天都不肯理睬父母，但从此却拼命弹钢琴。为了给自己争气，她总是抓紧时间拼命练琴，很快她的琴就弹得非常出色了。

▲司马懿收礼

激情和冲动有时也会削弱理智，军事上常用热处理的方法使对方感情用事而利用之。孙子云："怒而挠之，卑而骄之。"热处理这种谋略，其意在于令对方感情用事，使之失去理智，出现错误。孔明攻魏，进军到五丈原。魏将司马懿率军渡渭水，筑城抵御。孔明几次挑战，司马懿都坚守不出，于是孔明就把妇女的衣服装在大盒里，并修书一封，派人送给司马懿。信中写道：

"仲达即为上将，统帅中原之军。不思披坚执锐，以决雌雄，乃甘守土巢，谨避刀箭，与妇人何异！今遣人送巾帼素衣至，如再不出战，可再拜而受之，倘耻心未泯，犹有男子胸襟，早与批回，依期赴敌。"

然而司马懿却不上当。他看完信，心中大怒，转而佯笑："孔明把我看做妇人！"于是接受了孔明的礼物，还重赏了来使。

孔明送衣的目的，意在激怒司马懿，借以将他的情感激化，使其感情用事，孔明企图以怒制敌，从而达到使他出战的目的。

对付"热处理"策略最好的办法，就是沉着应对，不为所动。司马懿收到了孔明送的女人衣物，非常愤怒，但又马上冷静下来，不仅接受了礼物，还款待了使者，这就体现了司马懿高超的情感控制力。古人云："君子忍人所不能忍，容人所不能容，处人所不能处。"

舌战是一场智力的角逐，要使自己处于主动的地位，就要不为感情所左右，就必须有高度的自制力。

曲言篇

微言大义

【心理战术】

把大道理包含于不显露的平常语言之中，让对方自己去领会。同直露的批评比较起来，微言大义式的批评可以给对方留下思考的余地，在心理上也更容易被对方接受。

【经典案例】

▲晏婴诛杀烛邹

齐景公好射猎，叫烛邹主管养鸟。有一天由于烛邹不慎，鸟逃跑了。齐景公大怒，下令杀掉烛邹。晏子知道后去见齐景公，说："烛邹失职，该杀。请让我一一列举他的罪状之后再杀，好叫他死个明白。"

于是，晏子把烛邹召到景公面前，怒气冲冲地谴责道："烛邹！你犯了3大罪状，你给君王管鸟而把鸟弄丢了，这是第一条罪状；你使君王因为一只鸟的事而杀人，这是第二条罪状；如果让诸侯听见这件事，会认为我君重视鸟而轻视人，这是第三条罪状。"数落完烛邹的罪状，晏子就要杀他。景公赶紧制止晏子说："不要杀！我听懂你的指教了。"

▲华歆退礼

华歆原在孙权手下，曹操欣赏他的才干，便请皇帝下令招华歆进京。华歆启程的时候，亲朋好友千余人前来送行，赠送了他几百两黄金作为礼物，华歆不好当面谢绝使朋友们扫兴，便统统收下来，然后在所收礼物上偷偷记下了送礼人的名字。

酒散临别之时，华歆起来对朋友们说：“我本来不想拒绝各位的好意，却没想到收到这么多的礼物。但匹夫无罪，怀宝其罪。我单车远行，有这么多贵重之物在身，是否太危险了？”朋友们一听，立刻知道了华歆的心意，便各自取回了自己的东西，对华歆的为人深表叹服。

▲狄青留涅

狄青出身于下层士兵。他没发迹时，曾经犯过罪，遭受涅刑（脸上刻字，涂墨）。直到他做了枢密副使，涅痕犹在，皇帝曾经让他用药把涅痕除掉，狄青指着自己的脸说：“陛下因功提拔臣下，不问门第出身，臣所以能有今天，就是因为这块涅痕。臣留下它用来劝勉军中的将士，因此不敢奉命。”这以后，皇帝更加器重他了。

▲智阻国王冒险

1944 年 6 月，英美盟军终于决定在诺曼底登陆，进攻日子定在 6 月 6 日。在这前一天，首相丘吉尔突发奇想，他似乎忘掉了自己肩负的重任，竟向国王发出了一起去观战的邀请。乔治六世国王当即表示赞同。

国王的私人秘书阿南·拉西勒斯听说了此事，惊骇不已。他清楚地知道，这次登陆战役虽然是大规模军事行动，相对比较安全，但谁敢担保“万一”的事不会发生呢？如果国王、首相同时遭难，在这紧要的历史关头，国家如何收拾？

阿南一刻也不敢耽误，火速去面见国王。他对国王说：“陛下，我想知道，您对伊丽莎白公主还有何吩咐？万一陛下同首相同时阵亡，王位将由谁来继承？首相的候选人是谁？”秘书的话使国王顿时醒悟，他立刻给丘吉尔写信，宣布不去观战，并劝丘吉尔也不要去冒险。

 巧用隐语

【心理战术】

隐语，即不把本意直接说出，而是借别的词语或手势动作作出心理暗示，让对方在思考中理解。巧用隐语不但可以把话讲得生动、脱俗、婉转，

而且容易引起对方的兴趣，易于被对方接受。

【经典案例】

▲殷长者失信

周武王灭殷，入纣都朝歌。听说殷有位德高望重的长者，于是武王前去拜见，询问殷朝所以灭亡的原因。

殷长者对武王说："您要知道这个答案，请以某一天的中午时分为期，到时再谈。"约定的日期到了，可是殷长者没有来。武王觉得很奇怪。周公说："我已经知道了。此人是个君子，礼义要求他不能非难自己的君王，所以不能明言直说。至于他期而不到，言而无信，实际上暗示了殷所以灭亡的原因。他是在用隐语来回答我们的问题啊。"

▲东门无泽巧答齐景公

齐景公伐鲁，接近许城时，找到一个叫东门无泽的人。齐景公问他："鲁国的年景如何？"东门无泽回答说："背阴的地方冰凝到底，朝阳的地方冰厚五寸。"齐景公不明白，把这事告诉了晏子。

晏子回答说："这是一位有知识的人，您问年景，而他回答冰，这是合于礼的。背阴地方的冰凝固，朝阳地方冰结5寸，这表明节气正常，节气正常意味着政治平和，政治平和上下就团结，上下团结年景自然好。您攻打一个粮食充足、群众团结的国家，恐怕会把齐国上下弄得很疲惫，会死伤不少战士，结局恐怕不会如您的愿。请对鲁国以礼相待，平息他们对我国的怨恨，遣返他们的俘虏，来表明我们的好意吧。"齐景公说："好！"于是决定不再伐鲁了。

▲成公贾隐语谏庄公

楚庄公即位3年，不听朝政，而喜好隐语。成公贾进宫规劝他。庄公说："我禁止臣下进谏，你来干什么？"成公贾说："我不敢进谏，只想和您猜猜谜语。"

楚庄公说："那好。"成公贾说："有一只鸟，停在南方山上，3年不动，不飞，不叫，这是什么鸟呢？"楚庄王猜道："有一只鸟，停在南方山上，它3年不动，那是为了磨炼坚定自己的意志；它3年不飞，是为了练好自己的翅膀；它3年不叫，是为了考察如何才能调动百姓。这鸟虽没飞，一旦飞起，就将冲天而上；虽没叫，一旦叫起来，就会一鸣惊人。贾，你出去吧，我知道你的意思了。"

第二天，庄公临朝听政，当即提拔了5人，贬斥了10人。大臣们都很高兴，楚国百姓也竞相庆贺。

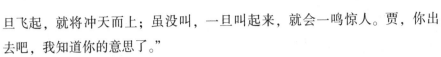

▲邹忌纳谏

齐国有位能言善辩的士人叫淳于髡，他看见邹忌当上了相国，很不服气。有一天，淳于髡亲自登门去见邹忌，先开口道："愚下有个志向，愿意在相国面前披露一番，不晓得这样做可不可以。"邹忌说："只管讲来，我洗耳恭听。"

淳于髡说："儿子离不开母亲，妻子离不开丈夫。"邹忌马上接着说："你的意思我明白了，我不敢离开君王一步。"淳于髡又说："削棘木为车轴，再涂上一层猪油，特别滑溜而且坚固耐用。如果把它安在方眼里，那么就会运转不灵。"邹忌又马上接着说："承蒙你的教诲，我不敢不顺应民情去做事。"淳于髡又说："弓身虽用胶粘住，有时也会脱胶；众多的河流奔向海洋，最终要汇合在一起。"邹忌说："是的，我不敢不亲附万民。"淳于髡又说："狐狸皮袄虽破，不能用黄狗皮去补漏洞。"邹忌说："您说的很对，在择用贤才的时候，不能让那些不怎么样的人混在其间。"淳于髡又说："车的辐条和车葫芦头如果分寸不合，就不能成为一辆车；琴瑟的弦如果不分粗细缓急，就不能奏出悦耳的音律。"邹忌说："我恭敬承命，今后一定要修明法令，来监督那些贪官污吏，使他们不得为害百姓。"

淳于髡再也没什么可说的了，出来后对人说："我对相国5次微言大义，望他使齐国强盛起来。"

▲海大鱼

齐将田婴因为屡建战功，齐王就把薛邑封给了他，号称靖郭君。靖郭君对齐王说："大王您应该每天亲自听取各主管大臣的报告并反复审核。"齐王照此做了，不久又厌烦了，全部委托给靖郭君代办，于是，齐国的大权落到田婴手中。

靖郭君为了巩固自己的势力，打算增修薛邑的城墙，为此，很多门客提出了反对意见。靖郭君对管通报的人说："不要给来见我的门客通报。"

有个请求拜见靖郭君的人说："请允许我说 3 个字就走。多说一个字，请你烹了我。"于是，靖郭君召见了他。这门客用小步跑上前，说了声"海大鱼"，转身就走。靖郭君说："你先别走!"这门客说："小臣我不敢拿死当儿戏。"靖郭君说："我不给你治罪，请再说下去。"

于是这人说："你不知道大鱼吗？网捕不了它，钩牵不动它，可是它如果因游荡而离开了水，就连小小的蚂蚁都会高兴地去咬它的肉吃。这齐国也就是你的水呀。如果你能永久保住齐国的话，修薛城又有什么用？如果丢掉了齐国，即使把薛邑城墙修得高到九霄，仍然没有用。"靖郭君说："说得好!"于是就停止了修薛邑的城墙。

▲钟离春自荐

钟离春原来是齐国无盐地方的一个女子，她奇丑无比，年过 40，尚未出嫁。听说齐宣王贪图安逸，不思进取，就略加打扮修饰，前往求见。

她到齐国先见了管事的官员，毛遂自荐地说："我愿意进入齐王后宫，做一个打扫卫生的仆役。"别人听了都笑话她说，真是一个厚脸皮的女子。有人半开玩笑地把她求见的事上达于齐宣王。谁知，齐宣王竟破格接待了她，问道："宫中的侍妾已经满员，今天你这个妇人以平民百姓的身份上求万乘之主，莫不是有什么特殊的才能不成？"钟离春回答说："我没别的才能，仅会用隐语预示吉凶罢了。"

齐宣王说："你可以试着演练一番，让我来猜猜看。"钟离春应命，就做出扬目、露齿、一再举手、轻拍手腕等动作，然后问道："危险吧？危险吧？"

齐宣王不知道她这动作是什么意思，钟离春说："扬目的意思是我代替大王察看烽火之变，是否将有战乱；露齿的意思是代替大王打开群臣之口，鼓励他们犯颜直谏；举手的意思是斥退奸佞之徒，使贤臣在位；拍手腕的意思是替大王拆毁游乐饮宴之台，以崇尚节俭。"

齐宣王听了大喜，要立钟离春为王后。钟离春推辞说："不采纳妾之言，怎么能受用妾之身呢？请大王以治理国家为当务之急，以选贤任能为头等大事。"

齐宣王从钟离春隐语的暗示中受到启发和教益。从此，他礼贤下士，疏远佞臣，遣散游客，用田婴为相国，孟轲为客卿。齐国大治。

巧用寓言

【心理战术】

借助于寓言故事的形象性、生动性、哲理性来打动对方的心理战术。

在充满趣味性和哲理性的小故事中寄寓着自己要讲的道理，讲完故事后只需轻轻一点，道理便能彰显，既可避免长篇论证的繁琐，又可取得令人警醒的心理效果。因此，巧用寓言是智者在辩说中常用的谋略之一。

【经典案例】

▲晏子论治国之患

齐景公问晏子说："治理国家最怕的是什么？"晏子回答说："最怕的是社鼠和猛狗。"齐景公问："什么意思？"

晏子说："祭社神的地方，要在那里立一根木头，然后涂上泥土。于是老鼠就跑到那里去藏身。如果你用火熏它，会怕烧了那木头；用水灌它，又怕把泥土冲掉。这种老鼠之所以除不掉，完全是由于社神的缘故。国家也有这种东西，君主身边的亲信就是，他们对内蒙蔽君主，对外则向百姓卖弄权势，不杀他们，他们就要祸国殃民；想杀他们，他们又有君主做保护伞，这些人就是国家的'社鼠'。

"有一个卖酒的，器具整治得很清洁，幌子也挂得很高，可是酒放酸了也卖不出去。他向同乡打听其中的缘故，同乡说：'您的狗太凶猛了。人们提着酒壶来了，要买您的酒，那狗迎上来就咬。这就是酒酸了都卖不出去的原因。'一个国家也有猛狗，主持国事的大臣就是。有才干的人想见一见国君，那主持国事的大臣迎上去就咬，他们就是国家的猛狗。如果国君的亲信是社鼠，主持国事的臣子是猛狗，国君怎能不受蒙蔽，国家怎么能没有忧患呢？"

▲庄子论养生之道

《庄子·养生主》谈的是养神之道——顺应自然。强调养生的根本（或关键）是养神。为此，庄子讲了下面这个故事。

庖丁替文惠君解牛。手所接触的，肩所倚靠的，脚所踩着的，膝所顶着的，无不发出有节奏的响声。进刀时哗啦哗啦的声音，无不符合音乐的韵律，既合乎《桑林》的舞步，又合乎《经首》乐章的节奏。

文惠君说："啊，妙极了！解牛的技术怎么会到了这般境界呢？"

庖丁放下屠刀，回答说："我所向往的，是'道'，已经超过一般技术了。我开始解牛的时候，见到的都是囫囵一体的牛。3年之后，就没有见过整体的牛，而是构成牛的许许多多'部件'了。而如今我只需用神思去感应而不必用眼睛去打量牛了。感官的作用已经停止，而只依靠精神活动来运刀。顺着牛的自然结构，把刀子插入它骨肉的缝隙，导入骨节的空当，完全按照牛体本身的结构来解牛，连牛身上经络筋肉盘结的地方我的刀都不曾碰过，更何况去砍那大块的骨头呢！好的厨师一年换一把刀，那是在硬割。普通的厨师一月换一把刀，那是在硬砍。

"如今我的刀用了19年了，所解的牛有几千头了。那牛的骨节之间总归是有空隙的，而我的刀刃又薄得似乎没有厚度，把没有厚度的刀刃楔入那到处有空当的牛体，那宽宽绰绰的空当对于我活动着的刀刃是大有余地的。每当碰到牛体骨肉筋脉纠结的地方，我就小心谨慎，眼神因之而专注，动作因之而放慢，然后刀子轻轻一动，那牛就哗啦啦完全被解体，像一堆泥土散落在地。这时我提刀站立，因之而左顾右盼，因之而心满意足，然后擦擦刀子，把它收起来。"

文惠君说："说得真精彩啊！我听了庖丁的高论，从中懂得了养生的道理。"

▲庄子论"拙于用大"

惠子对庄子说："魏王送给我一颗大葫芦的种子。我种下它，结出了能容五石的果实。用它来盛水浆，软得没法使它挺起来；把它切开做成瓢，大得没处摆放。这个葫芦大倒是大啊，由于派不上用场，我把它砸了。"

庄子说："您真是不善于用大呀！宋国有个会做防冻伤药的人，世世代代以漂洗丝绵为业。有位过客听到这回事，要求用百金买下他的药方。宋人召集全族商量说：'我们世世代代漂洗丝绵，所得很少，如今卖出这个药方，可以获得百两黄金，就给了他吧。'过客得了这个药方，推荐给吴王。

让学生聪明的心理方法

冬天，越国进攻吴国时，吴王就让他大量制作此药，并让吴国兵将将药带在身上。由于吴军有了这种神奇的药，不惧不战，因而把越军打得大败。为此吴王割了一块地封赏给这个人。同是这种能够预防冻伤的药，有人借此得到封地，有人却一辈子漂洗丝绵，这是因为他们使用药方的思路不同。如今您有能容五石的葫芦，何不系在身上当做腰舟，浮游于大江大湖？为什么担心它没处摆放呢？这么看来，您的心窍还是不通啊！"

曲言篇

▲坎井之蛙

公孙龙问魏牟说："我少年时学习前代圣王的大道，长大了懂得什么是仁义的行为。我能把事物的同与异混合为一：人们认为不对的，我能论证为对的；人们认为不可的，我能论证为可以的。我使得许多学派的理论陷入困境，使得许多能言之士理屈词穷。我自以为是最通达万物之理的人了。如今我听到庄子的言论，既茫然不解，又感到惊异。不知道是我的论辩赶不上他呢，还是学问不如他呢？如今我无法开口说话了，请问这是什么道理。"

魏牟听了，靠着桌子长叹一声，仰面朝天而笑，说："您就没有听说过坎井之蛙的故事之吗？它对东海的大鳖说：'我快乐极了！出来，就在井栏上蹦一蹦；进去，就在破砖上歇一歇；游水，水能浸到我的两腋，浮起我的腮；踩泥，泥能没过我的脚背。回头看看井里的赤虫、螃蟹和蝌蚪，没有谁能比我更快乐。况且，我独占一坑水，盘踞着一口井，这乐趣可说是到了头了。您何不随时进来看看呢？东海之鳖左脚还未伸进井口，右脚已经绊住了。于是从容退后，把大海是怎么回事告诉给坎井之蛙。它说：'用千里之远，不足以形容它的广大；用千仞之高，不足以形容它的深度。'"

"大禹时代，10年间发了9次洪水，海水并不因此而增多；成汤时代，8年间闹了7次大旱，海岸并不因此而浅露。它不会由于时间的长短而变化，也不会由于水量的多少而增减，这才算是东海的大乐呀！'坎井之蛙听了这番话，惊讶不已，茫茫然感到自己的渺小。公孙先生，您的智慧不足以了解一般是非的界限，却还想深究庄子的言论，这就好比让蚊子去背山，让公鸡去渡河，必然不能胜任。您的知识不足以了解最微妙的理论，自己却满足于一时口舌的胜利，这不正像那坎井之蛙吗？"

▲勿以文害用

楚王问墨家学者田鸠说："墨子这个人，是一个声名显赫的学派的领袖，他在身体力行方面还可以，他的言辞却大多不够华丽，这是为什么？"

田鸠说："从前秦穆公要把女儿嫁给晋国公子，出嫁那天，穿着锦绣衣服陪嫁的妾有70人，到了晋国，晋国公子喜欢妾却看不上秦穆公的女儿，这可说是善于嫁妾而不善于嫁女的了。有一个到郑国卖珍珠的楚国人，用木兰木做了一个匣子，用肉桂和花椒熏它，上面还缀满了珠玉，镶嵌上玛瑙和翡翠。

"郑国人买了他的匣子，却退回了珍珠。如今有些人一说话就爱用华丽的言辞谈雄辩的道理。君主欣赏他们的文章却忘了文章的功用。墨子的学说传播的是先王的道理，阐述的是圣人的观点，如果言辞过于华丽，就怕人们只记得文章的词采而忘记了它讲的道理，由于文字华美而损害了文章的效用。这与楚国人卖珍珠，秦穆公嫁女儿同属一类。所以墨子的言辞不追求文辞的华丽。"

▲淳于髡谏齐王伐魏

齐王打算攻打魏国。淳于髡对齐王说："韩子卢，是天下跑得最快的狗；东郭逡，是海内跑得最快的兔。韩子卢追东郭逡，围着山跑了3圈，越过的岭有5座。兔子竭力地跑，狗在后面使劲地追，最后狗和兔子全都精疲力尽，双双死在路上。农夫看见了，毫不费力地捡了个便宜。如果齐、魏长期相持不下，两国的士卒和百姓精疲力竭，困苦不堪，到那时我担心的是强大的秦、楚紧随其后，获取那农夫之利。"

齐王害怕了，于是辞退了将领，休息士卒。

▲苏秦止孟尝君入秦

公元前301年（周赧王十四年），齐、韩、魏三国联军大败楚军于垂沙。秦慑于三国之威，先派洛阳君入齐为质，次年又邀孟尝君入秦为相。孟尝君应允了。虽然劝阻孟尝君的人数以千计，但他一概不听，苏秦这才动身前去劝阻。孟尝君说："人情世故我已经全知道了。我所不知道的，只有关于鬼的事了。"苏秦说："我这次来，正好是为了关于鬼的事请教您。"

苏秦对孟尝君说："今天我来这里的时候，路过淄水，岸边有一个土偶人和一个木偶人在谈话。木偶人对土偶人说：'您是西岸的泥土，人家把您捏成了人形，到了8月，一下大雨，淄水流来，您可就毁了。'土偶人说：'不要紧，我本来就是西岸的泥土，我被水冲散了还会回到西岸。可是您，本来是东方的桃木，经过刻削具备了人形，一下大雨，淄水流来，把您冲走，您将漂来漂去，何处才是您的归宿呢？'秦国是个四面都有险塞的国家，简直像个虎口，您要是进入秦国，我真不知道您怎样才能逃出来。"

孟尝君听了，这才没有到秦国去。

▲苏代借重淳于髡

苏代为燕说齐王，怕得不到齐王的信任，所以在未见到齐王时，先对齐相淳于髡说："有一位要出卖骏马的人，接连3个早晨去集市上卖马，可是没有人知道他卖的是骏马。于是他就去找伯乐，说：'我有一匹骏马，想要卖掉，可是接连3个早晨站在集市上，没有人过问，希望您明天能围着我的马看一看，离开时再回头看一眼。我负责您这一天的花费。'于是伯乐在次日早晨来到集市上，围着他的马转了转，离开时还不断回顾，结果那匹骏马的价钱当天就涨了10倍。现在我也想牵匹骏马，去见大王，可是没有替我引荐的人，足下有意做我的伯乐吗？请让我奉送白璧一双，黄金10镒，聊作举荐的酬金吧。"

淳于髡说："我愿听从您的吩咐。"于是进宫去见齐王，劝齐王接见苏代，果然齐威王很敬重苏代。

▲苏厉献说词

白起是秦国的名将，正在攻打魏国的都城大梁，形势对西周十分不利。在这种情势下，苏厉（苏秦的弟弟）对周君说："秦军打败韩、魏，杀死犀武，攻打赵国，夺取蔺、离石、祁等地，率军的都是白起。他实在是善于用兵，又能得天助。现在他攻打大梁，大梁必定被攻破，大梁一破，西周就危险了，您不如设法阻止他，派人对他说，楚国的神射手养由基，能在百步之外射穿柳叶，百发百中，观看的人都赞不绝口，唯独有个过路人对养由基说'既然你善于射箭，可以教教你射法了'养由基说：'别人都说我射得好，您竟说可以教我射箭，您何不代我射一射呢？'这人说：'我不能教你左臂支撑，右臂弯曲这样的射法，而是教你射道。你射柳叶，做到了百发百中，如果不在这时适可而止，不一会儿就会气衰力倦，如再碰上弓不正箭又弯曲，那就会前功尽弃了。'"

"以前，攻破韩、魏，杀了犀武，攻打赵国取得蔺、离石、祁的，都是您白起的功劳，您的功劳够大的了。现在您又率兵出关，越过东西二周，踏过韩国，去攻大梁，假如您攻而不下，岂不也会前功尽弃吗，您不如称病不出兵为好。"

意在言外

【心理战术】

在辩说中不把意思明白说出，而是通过含蓄的言辞让对方从中体味，彼此会意，产生心照不宣的奇妙心理效应。

【经典案例】

▲孔子贺陈侯

陈侯修筑凌阳台，尚未竣工，被治罪的已达数十人，还把3个监工的官吏抓了起来。

凌阳台建成那一天，孔子正好在陈国逗留，便应邀和陈侯一同登台观赏。孔子向陈侯祝贺道："台子实在是漂亮啊，君主也很贤明。自古以来，圣王修建台榭，没有不杀一人而能修成如此漂亮的台子的。"陈侯听了，非常羞愧，便赦免了那3个被抓起来的官吏。

▲庄子说剑

从前赵惠文王喜好剑术，剑士聚于门下为客的有3000多人。他们白天黑夜在赵惠文王面前搏击厮杀，每年都有上百人的伤亡，惠文王却兴致不减。就这样过了3年，国势衰落了，其他诸侯国正图谋进犯，太子悝忧心忡忡，召集左右的人商量说："谁能说服国君不再豢养这帮剑士，赏他千金。"

左右的人说："庄子应该能做到。"太子于是和庄子去见惠文王。惠文王抽出利剑等着他们，庄子走进殿门没有快步走，见了国王也没有跪拜。惠文王说："您打算用什么来开导寡人，竟郑重其事地请太子事先引荐？"

让学生聪明的心理方法

庄子说："我听说大王喜好剑术，所以凭借我的剑术求见大王。"惠文王说："您的剑术如何？"庄子说："我的剑，十步之内，能杀一人；千里之内，无人敢挡。"惠文王十分高兴，说："那就天下无敌了！"

庄子说："剑术运用的原则，是显示己方的空虚，利诱对方来攻击；发动在人之后，到达在人之先。希望能让我试一试。"惠文王说："先生暂时到宾馆休息，待我安排好击剑比赛，请先生赐教。"于是惠文王让剑士较量了7天，死伤60多人，精选了五六人，让他们捧剑在殿下侍候，这才召见庄子。惠文王说："今天可以请您和剑士们切磋剑术了。"庄子说："我已盼望好久了。"惠文王说："先生所使用的剑，是长还是短？"庄子说："我用的剑，长短都可以。不过，我有3种剑，任凭大王选择。请允许我先说说它们的情况吧！"

惠文王说："寡人愿意请教。"

庄子说："世上有天子之剑，有诸侯之剑，有庶人之剑。"

王说："天子之剑怎样？"

庄子说："天子之剑，用燕谿和石成做剑锋，用齐国和泰山为剑刃，用晋国和卫国做剑脊，用两周和宋国为剑环，用韩魏两国为剑柄。用四夷来拥戴，用四季来围绕，用渤海为环，用常山做带。凭借五行来制约，凭借刑德来决断，凭借阴阳来开合，凭借春夏来扶持，凭借秋冬来运行。这种剑向前则一往无前，向上则至高无上，向下则至深无下，向两旁则至广无边。上可以断浮云，下可以绝地脉。这种剑一旦使用，就能匡正诸侯，使天下臣服——这就是天子之剑。"

惠文王听得出了神，茫茫然如有所失。他说："诸侯之剑怎么样？"

庄子说："诸侯之剑，用智慧勇敢之士做剑锋，用清正廉直之士做剑刃，用贤良之士做剑脊，用忠圣之士做剑环，用豪杰之士做剑柄。这种剑向前则一往无前，向上则至高无上，向下则至深无下，向两旁则至广无边。它对上效法圆的天穹而顺应三星，对下效法方的大地而顺应四季，当中则调和民意而安定四方。这种剑一旦使用，好比雷霆的震荡，四方边境之内，就没有不俯首称臣、不听命于您的人了——这就是诸侯之剑。"

王说："庶人之剑又怎么样？"

庄子说："庶人之剑，无非是头发蓬乱、鬓毛突起、帽子低垂，粗硬的帽带，前长后短的装束，瞪着眼睛，相互指责。在您面前相互厮杀，向上砍脖子，向下捅心窝。这就是庶人之剑，跟斗鸡没有两样。即使丢了性命，对国事也毫无裨益。如今大王有天子的地位，却喜好庶人之剑，我私下为大王感到惋惜！"

赵惠文王内心惭怍不已，于是拉着庄子，请他上殿宴饮。厨师送上饭菜后，赵王绕着餐桌转了3圈，显得惶恐不安。庄子说："大王只管稳稳当当坐着，心平气和吃饭；关于剑术的事，我已经禀告完了。"于是，惠文王3个月不出宫门，剑士们因失去从前的礼遇而十分气愤，都在住处自杀了。

▲蒯彻话里有音

当初，刘邦拜韩信为大将，率兵东进，攻打项羽。韩信一路势如破竹，破三秦，灭魏赵，又打败齐军。这时，蒯彻（又名通）劝告韩信，要记取越国大夫文种和范蠡的历史教训，不要过于相信刘邦。他还分析了韩信所处的形势，是处于中间地位，帮汉汉胜，帮楚楚胜。倒不如哪一方也不帮，先跟他们三分天下，以后看准机会，再图大业。韩信听后，觉得他的话也有道理，但是又认为自己为汉王立下很大功劳，汉王不会亏待自己，没有接受他的意见。蒯彻见韩信不听自己的话，怕这些话传到刘邦那里招来灾祸，就装疯逃走了。

刘邦称帝后，怕韩信谋反，剥夺了他的兵权，把他软禁在长安。后来，由于陈豨谋反的事件牵扯到韩信，吕后和萧何设计诱捕了韩信，将他杀死。临死前，韩信追悔莫及地说："悔不该当初没听蒯彻的话，今天反倒受妇人小儿们的欺诈！"刘邦从外地回到长安后，忙派人去把蒯彻抓来，亲自审问。

刘邦把他带上来后，就问他是否鼓动韩信叛汉自立，蒯彻承认得很痛快，他说："对，我的确这样做过。可惜他当时不听我的计策，最后落得个身首异处的下场。如果他要用了我的计策，皇上哪能杀掉他呢？"刘邦听后，气得发抖，下令把蒯彻烹死，蒯彻显得很害怕，连声高呼"冤枉"。刘邦问："你教唆韩信谋反，有什么冤枉？"

蒯彻回答说："当初秦朝实行暴政，天下的英雄都起来反对。这就好像秦朝丢了一只鹿，天下英雄都抢着捕捉，谁跑得快，本事大，谁就能逮住它。那时候，天下的人并不知道陛下能当皇帝，都是各为其主。我也是一样，只知道韩信，不知道陛下。这能责怪我吗？况且，天下想当皇帝的人很多，只是力量不足罢了。难道陛下能把他们都烹死吗？如果只是因为我过去忠于自己的主人，就被杀死，天下的人会怎样看待陛下呢？"刘邦听了以后，仔细一想，倒也有理，于是就赦免了蒯彻的死罪。

蒯彻的话说得很巧妙。它的表层意思是说，在刘邦当皇帝之前，忠于自己的旧主人是无可非议的，而包含在其中的潜台词则是，如果新主人一旦取代旧主人之后，也可以从自己那里得到同样的忠诚。这正是刘邦在当皇帝之后要求臣民做到的。

▲岳飞谈马

有一次，宋高宗问岳飞："你最近得到好马了吗？"岳飞说："臣以前倒是有匹好马，每天能吃料豆数斗，饮泉一斛，食量比一般的马要大几倍。而且，对食物很挑剔，稍微不洁净就不吃。这匹马虽说消耗多，但是本事远远高于常马。我从早晨策马出发时，那马跑得倒不是很快，但是速度越来越快，等到跑上百八十里，那就如同腾云驾雾，风驰电掣般地飞奔。即便到了中午，那马仍有后劲，自中午至酉时（约下午 6 点），仍能跑 200里。到达目的地后，卸下鞍甲，这匹马不喘息，连汗都不出。这样的良马是致远之材，真可托以重任啊！"

岳飞讲自己心爱的马，但是高宗听得明白，岳飞的话寓意精深，他赞许地点了点头。岳飞接着说下去：

"非常不幸，我的那匹马已经死了。目前我所骑的这匹马，倒是好侍候，给什么草料都吃，水脏了也能喝。待跑起路来，开始逞能，还没等我坐稳，便迅跑起来；但是没跑上百里就没劲了，又喘大气又出汗。这种劣马，消耗是少，容易满足，但是爱逞能，没后劲，真是驽钝之材啊！"

岳飞表面上是谈马，实际上谈的是要重视厚待真正的人才，这意思高宗怎能不明白。

▲停业 5 分钟

1925 年，日本在上海制造"五卅惨案"，激起中国人的普遍愤怒，实行"抵制日货"运动。当时，广州市沙面一带的日本商店一律停业关门，店门上都贴一张大字条，写着"停止交易5分钟"。其意是讥讽中国人只有5分钟热度，热度一过就不再抵制了。如此一激，抵制日货运动反而如火如荼，全国都涌起反日高潮。

▲心照不宣

在亨利四世时期，法国外交家让奈被派往荷兰，受命调停联省共和国（在16世纪资产阶级革命期间，荷兰7个北方省起义，联合组成一个新的联省共和国）与西班牙的冲突，促成和平谈判。

当时，无论联省共和国的阿兰斯基亲王，还是西班牙国王，都不情愿举行谈判。一方面要坚持斗争，彻底摆脱西班牙的君主专制；一方面要坚决维护自己的统治地位，谁也不肯让步。他们出于自尊心的需要，都不愿达成和平协议，以为达成和平协议就是向对方让了步。因此，谈判时断时续，整整拖了两年。

天才的外交家让奈深知语言的力量，他用"长期休战"一词代替"和平"一词，说服了交战双方。就这样，1602年，西班牙与联省共和国之间签署了长期休战条约。西班牙承认联省共和国的独立。

▲言彼而意在此

1937年10月11日，罗斯福总统的私人顾问萨克斯受爱因斯坦等科学家的委托，约见了罗斯福，要求总统重视原子能的研究，抢在德国之前制造出原子弹。萨克斯先向罗斯福面呈了爱因斯坦的长信，接着读了科学家们关于发现核裂变的备忘录。然而，总统听不懂那些枯燥的科学论述。直到萨克斯谈得口干舌燥，罗斯福才说："这些都很有趣，不过政府若在现阶段干预此事，似乎还为时过早。"

事后，罗斯福为了表示歉意，邀请萨克斯共进早餐。萨克斯十分珍惜这个机会，他在公园里徘徊了一整夜，苦苦思索说服总统的办法。

第二天一早，萨克斯与罗斯福刚坐下，罗斯福就说："你又有什么绝妙的想法？在吃饭之前讲完吧。"总统把刀叉递给萨克斯，"今天不许再谈爱因斯坦的信，明白吗？"

"我想谈一点历史。"萨克斯知道，总统不懂得物理学，然而对历史是很感兴趣的。他说："英法战争时期，在欧洲大陆一往无前的拿破仑，在海战中却不如意。一次，一位名叫富尔顿的美国人来到了这位伟人的面前，建议把法国战舰的桅杆砍断，装上蒸汽机，把木板换成钢板，并保证这样便可所向无敌，很快拿下英伦三岛。拿破仑却想，船没有风帆就不能走，木板换成钢板必然会沉没，他认为富尔顿是一个疯子，把他赶了出去。历史学家们在评述这段历史时认为，如果拿破仑采取富尔顿的建议，19世纪的历史将重写。"

罗斯福的脸色变了，十分严肃。他沉思了几分钟，然后斟满一杯酒，递给萨克斯，微笑着说："你赢了！"萨克斯激动得热泪盈眶。他知道，胜利一定会属于盟军了。

指桑骂槐

【心理战术】

"指桑骂槐"，现在多用于形容不直接表达某一意图、意见、见解，而是拐弯抹角，旁敲侧击，指东说西。将激烈严厉之辞寓于含蓄委婉之中，虽明说甲而未指乙，却能使乙自悟自省。

【经典案例】

▲师旷撞琴

晋平公与群臣饮酒，喝得正畅快时，他得意忘形地说："没有比做国君的人更快乐的了，只有他的话没有人敢于违抗。"盲音乐师师旷正在跟前侍候，听了这话，拿起琴就向平公投去。晋平公撩起衣服就躲，琴在墙上撞坏了。晋平公说："乐师撞谁？"师旷说："刚才有个小人在您身边说混话，所以我撞他。"晋平公说："那是我。"师旷说："呀！这可不是做国君的人应该说的话。"平公的亲信请求治师旷的罪，晋平公说："放了他，乐师无罪，反而有功！"

▲古弼拳打刘树

北魏太武帝时，古弼担任尚书令。有一次，上谷地方的官员上书朝廷，说如今朝廷苑囿太多，占去了很多耕地，应当减去一半，赐给那些贫苦无依的人。古弼拿着奏章进宫面陈，正赶上太武帝和给事中刘树在那儿下棋，古弼在一旁坐了老半天，太武帝也不理他。古弼猛地站起来，上前一把揪住刘树的头，将他从胡床上拉下来，攘起拳头就打，一面打一面说："朝廷不理事，就是因为有你这种人！"

太武帝一看，忙放下棋过来劝阻说："这件事责任在我，刘树有什么罪过呢？放了他吧。"古弼详细说明了奏章的内容，太武帝全部同意。

事情完了，古弼又说："我这样在陛下面前挥拳打人，实在放肆，请陛下处置。"太武帝高兴地说："有你这样的忠直之臣，这是国家的福分，你有什么罪过？以后只要是利国利民的事，你尽管放心做好了，不要有什么顾虑。"

▲尼克松有苦说不出

理查德·尼克松在赫鲁晓夫担任苏共总书记时是美国的副总统。他曾访问过莫斯科，并与赫鲁晓夫有过多次交锋。

1959年9月，赫鲁晓夫应美国总统艾森豪威尔的邀请，赴华盛顿进行正式访问。

有一次，赫鲁晓夫应邀到戴维营与艾森豪威尔谈判，试图就双边关系问题达成一些协议。艾森豪威尔要求尼克松也参加会谈。赫鲁晓夫见尼克松来了，于是对艾森豪威尔说，美国政府中许多人非常希望改善美国同苏联的关系，但是也有一些人总是想坚持对抗立场，这些人是十分拙劣和愚蠢之极的。赫鲁晓夫说这番话的时候，眼睛不停地直盯着旁边的尼克松。

一旁的人都意识到了赫鲁晓夫的所指，尼克松也非常明白。但是，赫鲁晓夫又没有明确指的是谁，因此尼克松没有任何理由做反驳。所以，尽管尼克松十分尴尬和气恼，却又无可奈何。

艾森豪威尔赶忙替尼克松解围，然后又建议尼克松回到华盛顿去，避免再次与赫鲁晓夫直接接触。

反语规劝

【心理战术】

反语规劝是在正面劝说不一定有效的情况下，采用正话反说的手法来说服对方的战术。

反语不在于多，在于精，只要能让对方听懂你的意思就可以了。反语规劝还有一个要求，即反语必须幽默风趣，气氛必须轻松，使别人生不起气来，心甘情愿地接受你的规劝。如果态度生硬粗暴，只能引起对方的愤怒，其效果适得其反。

【经典案例】

▲叔向反语谏平公

晋平公射鸱雀，没有射死，让竖襄去抓，又没有抓到。平公生气了，把竖襄拘押起来，要杀死他。叔向听说平公要杀小臣竖襄，就在晚上去朝见平公。平公向叔向说了要杀竖襄的缘故。

叔向说："这还了得！你一定要杀了他！从前咱们先君唐叔在丛林射犀牛，只一箭就把一头大犀牛射死了，后来用犀牛皮做了一副铠甲。正因为唐叔有这样的本事，所以才能受封于晋做了国君。如今您继承先君之位，射一只小鸟都没射死，让人去抓，居然又没抓到，这简直是向世人宣告您的射术不精嘛！您一定要赶快把他杀掉，不要使远方的诸侯都知道了这件事！"平公听了，很不好意思，赶紧下令放了小臣竖襄。

▲东方朔谏留乳母

汉武帝的乳母曾经在宫外犯了罪，武帝想依法处置她。乳母就向东方朔求助，东方朔说："你如想获得解救，就在将抓走你的时候，不断回头注视武帝，千万不可说什么。这样也许有一线希望。"

这天，乳母来叩别武帝，下殿时向武帝频频回头。侍坐的东方朔乘机对乳母说："你太痴了，皇帝现在已经长大成人了，哪里还要靠你的乳汁养活呢？"武帝听了，面露凄然之色，当即赦免了乳母的罪过。

▲唐太宗认错

文德皇后安葬于昭陵。唐太宗在禁苑中修筑了一个高台，好登高远望昭陵。一天，他带着魏征一同登上高台。魏征看了很久，说："臣老眼昏花看不见。"太宗用手指给他看。魏征说："这是昭陵吧？"太宗说："是的。"魏征说："臣以为陛下是在观望献陵（唐高祖陵）呢！"魏征这句话的意思是：你只想自己的妻子，而不想唐朝的祖宗，真是个不孝之子啊！太宗一听，深感有愧，立即下令拆掉了那座高台。

▲片语惊心

辛京杲英勇善战，唐代宗时升为左金吾大将军，曾经因为私忿用木杖打死了部曲。有关部门将此事上报朝廷，认为应将京杲处死，皇上即将批准执行。

李忠臣对皇上说："辛京杲早就该死了。"皇上问为什么，李忠臣说道："辛京杲的父亲和众兄弟都战死了，唯独辛京杲一人活到今天，所以臣以为他早该死了。"皇上一听，动了恻隐之心，于是对辛京杲只作降职处理。

▲郑涉善讽

唐德宗建中年间，汴州节度使刘玄佐因听信谗言，要把军中将领翟行恭杀掉，没有人敢上前为翟行恭求情。

处士郑涉诙谐善讽，他求见刘玄佐，对他说："听说翟行恭将要被处以极刑，希望能让我看一看他的尸体。"刘玄佐很奇怪，问他为什么想看死人。郑涉回答说："我曾听说被冤枉处死的人面部都会有奇异之象，可我一辈子没有见过，所以想借此机会看一看。"刘玄佐听后大悟，翟行恭得免一死。

妙在不言

【心理战术】

在交锋中，必要的沉默，也是一种有效的心理战术。

在某种情况下，不说比说更好，这时，选择不言便是最佳谋略。正如白居易《琵琶行》所说："此时无声胜有声。"

【经典案例】

▲谏而不从则不应

唐太宗有次问魏征："你的进谏我没有听取，再同你说话时，你为什么不应答呢？"魏征回答说："我认为一件事不可以三番五次反复劝谏。如果因为陛下不听从，而臣子就让步了，那么你还将照样做，所以我不敢应答。"李世民说："应答了再劝谏也没有关系呀！"魏征说道："从前舜告诫群臣：'你们不要当面听从，背后议论。'臣内心知道不对，却满口应承，这难道是契和稷侍奉舜应持的态度吗？"

▲ 宋太祖以愚困智

宋太祖平定江南后，国势十分强盛，各国纷纷朝贡，尤以南唐更甚，历年不断。这一年，南唐君主派博学多识的徐铉前去朝贡。宋朝的官员自觉口才皆不敌徐铉，恐怕出丑，只好禀报宋太祖。

太祖考虑了一阵之后，选了一位不识字的侍臣接待徐铉。

徐铉见了这个侍臣就滔滔不绝，说个不停，旁边的人都十分惊愕。这侍臣根本不知道如何回答，只好一味地点头说："好，好。"徐铉也不懂这侍臣所说的"好，好"是指什么，又不便详细追问。就这样，两个人彼此都不懂对方的意思，起初的几天，徐铉还旁敲侧击地问他，可这侍臣仍总是说好，好，徐铉也渐渐累了。

他原想从与宋臣的谈话中探听宋军的动向，但由于这位侍臣只会唯唯诺诺，徐铉终于一无所获。

▲ 宋太宗假装糊涂

北宋时，名将孔守正和王荣防守边疆，屡建奇功。一晚，两人随侍宋太宗饮宴，几杯酒落肚便酩酊大醉，各夸功绩，互争雄长。

旁立的侍从官即奏请宋太宗办他们的失仪之罪，宋太宗总是装聋作哑，吩咐侍臣送两人回家。

到了次日，孔、王二人酒醒了，想起昨晚酒后失态的事，惶恐万分，一齐上殿请罪。宋太宗却说："那时我也喝醉了，也是恍恍惚惚，你们讲些什么，完全听不清楚哩！"孔、王二人感到皇上如此宽厚，更加忠于职守，谨慎从事。

▲ 书已就而不发

1863 年 7 月，美国北方联军打了一场漂亮仗，迫使南方军队溃败。7 月 4 日晚，败退的南方军队被一条突然涨满洪水的大河阻挡住了。此时，后面的追兵已经逼近，南军已经陷入绝境。总统林肯立即命令联军前线指挥官米德将军抓紧战机，即刻进击南方军队。

米德将军没有听从林肯的命令，因召集军事会议而延误了作战时机，使得已成瓮中之鳖的南方军队趁水退之机安然脱逃。林肯得知消息后大怒，在深深的失望中，他给米德写了一封信。在信中他指出了这次战役的重要性及贻误战机所造成的严重后果。在信的结尾林肯写道："你的良机业已失去，因为这个，我无限伤痛。"这是信中最严厉的话。但是米德从未见到这封信，因为这封信林肯并未发出。

林肯为什么没有发出这封信呢？原来大怒之后写封信，是他的发泄妙法。他曾对部下说："每次当我发火时，我就尽情地写封信发泄，发泄完之后，就把它扔了，我每次都是这样。"这是林肯从自己的痛苦经验中引出的教训：尖锐的批评、斥责，将会引起恶感，于事业不利。

林肯的宽容、和善不是天生的。年轻时他不但任意批评人，而且还写信作诗讥笑人，甚至因此引起别人要和他决斗。这件事给林肯留下了难忘的教训。从此，林肯再也没有声色俱厉地批评过任何人，也再没有写过措辞激烈的信。

▲罗斯福怒逐记者

西奥多·罗斯福早有当总统的雄心。在纽约当警察局长时，他就很注意自己的形象，办案力求公正。罗斯福的这一野心被《纽约邮报》及《纽约太阳报》的记者雷伊斯和斯蒂芬识破了。他们在背后议论道："看来罗斯福有当总统的野心，这一切只是为了下一步棋打基础而已。"

为了证实自己的判断，这两个记者竟直接跑到罗斯福的警察总署办公室，单刀直入地问："罗斯福先生，我们二人在底下私议，认为你准备有朝一日出来竞选总统，你说对吗？"

平时一向十分和善的罗斯福一反常态，脸色骤变，突然跳了起来，抓起一根鸡毛帚，不问青红皂白，就向他们打来。二人见势不妙，马上转身就逃。罗斯福还在后面高举鸡毛帚，怒气十足地追逐，直到二人逃出警察总署。

从此以后，再也没有人敢议论罗斯福想当总统的事了。几年之后，他终于如愿以偿，成为美国第二十六任总统。

记者问及罗斯福的野心，使他进退两难。如果如实回答，则使人们认识到罗斯福办案公正是为了竞选总统，这就使几年的努力付诸东流。如果公开否认，则以后竞选时会被人批评为出尔反尔。这就是他拿出鸡毛帚的原因。

一语双关

【心理战术】

辩说者在一定的语言环境中，利用汉字的特点，使得一字、一词、一语或数语，能关联双重意思，进而引发出一种深层的含义来说服对方。

一语双关，言在此而意在彼，便于在一定的环境气氛中，巧妙曲折地表达内容，说明道理；幽默含蓄，妙趣横生，容易促人联想，发人深省。

【经典案例】

▲师旷论学

晋平公向盲音乐师师旷询问说："我已经70岁了，想要学习，但担心已经晚了。"

师旷回答说："晚了为什么不点蜡烛照明呢？"

晋平公说："哪有作为人臣戏弄自己国君的呢？"

师旷说："盲臣怎么敢戏弄国君呢？我曾听说，年少时好学，像初升的太阳；壮年时好学，像中午时的日光；年老而好学，就像蜡烛点亮时的光芒。点着蜡烛走与在黑暗中行走，哪一个更好呢？"

晋平公听了说道："说得太好了！"

▲苑外狼怎比苑中狮

宋代的石中立为人幽默。他当员外郎时，正赶上西域进贡了一头狮子。这狮子关在御苑（帝王花园）中，每天要吃15斤羊肉。有一次他和几个同僚观看狮子时，有人发牢骚："那野兽，每天给这么多吃的，我们一天的俸禄才只有几斤肉，人反而不如野兽了。"

石中立听了，劝解说："你还不知足呀？要知道，那是'苑中狮'，我们是'苑外狼（员外郎）'，怎么能相比呢？"

▲樊恼自取

南宋大臣韩侂胄是主战派，但在朝廷内与许多人关系不好。1205年，他任平章军国事（相当于宰相），请求宋宁宗下令北伐讨金。

此时出兵，与南宋小朝廷苟且偷安的心理很不协调，加上用人不当，出师以后，西线的吴曦叛变，东线作战失利，只好妥协求和。这就更加引起朝廷上下的不满，说他"没事找事"，引火烧身。

北伐失败后，他整日闷闷不乐，不知该干些什么。有一次，宁宗赐宴，席间，由几个戏曲演员即兴演出。先由3个演员分别演樊迟、樊哙和"樊恼"，然后再上来一个演员，先问："樊迟的名字是谁取的？"樊迟回答："樊迟是孔夫子所取。"问者一拜，说："真是圣人门下的高弟子呀！"又问："樊哙的名字是谁取的？"樊哙答道："樊哙是汉高祖刘邦所取。"问者再拜，说："真是汉家的名将呵！"再问最后一个："樊恼的名字是谁取的？""樊恼"答道："樊恼自取。"

韩侂胄听了，只有苦笑：为这样的朝廷卖命，北伐岂不是"自取烦（樊）恼"吗？

▲"真同志"妙解

"同志"本是一般称呼，但在"文化大革命"中却是很走俏。被叫一声"同志"，"走资派"就"解放"了。当面是人、背后是鬼，台上握手、台下伸腿的"同志"，上上下下层出不穷。

那时，四川有位老工人，路过成都熙春北路孙中山铜像下，想到孙先生"革命尚未成功，同志仍须努力"的话，无限感慨地说："只有孙中山是真同志呀！"

不料，这句话被路过的几个"造反派"听到，不容分说，便把老工人扭送到"造反指挥部"，问："孙中山是资产阶级的总代表，你称赞他是'真同志'，这不是反对共产党、反对社会主义吗？后台是谁？快快交代。"

老工人见飞来横祸，倒也没慌张，从从容容地想出一句绝妙的答话："我说孙中山像是'真铜制'的，不是别的金属制的，有错吗？"一句话噎得"造反派"头头们无言以对。

言近旨远

【心理战术】

通过浅显的道理进行说服的心理战术。

浅显的道理容易明白，毋庸置疑。深奥的道理难于理解，不易接受，如果能从浅显的道理入手，通过类比，引起听者的联想，证明深奥道理的正确，深奥的道理也就变得易于理解和接受了。

【经典案例】

▲屦贱而踊贵

齐景公是个残暴的君主，他滥施酷刑，砍了许多人的脚。晏子总想劝劝他。

晏子家住在闹市附近，人声嘈杂，生活条件很不好。齐景公想另外给他盖个住宅，晏子没有同意，说："我先人久居此处，如果我因为不满意而更换新宅，不是太奢侈了吗？再说这里离市场近，买东西方便，还能直接了解到许多情况，不是挺好吗？"

齐景公问："那么，你可知道现在市场上什么东西最贵，什么东西最贱？"

晏子乘机说道："假脚最贵，鞋子便宜。"

景公知道这是对他滥用酷刑的批评，于是接受了他的劝告。

▲颜回论驭术

鲁定公问颜回说："东野毕的驭马术好得很吧？"颜回对答说："好得很是好得很，尽管如此，他的马将会逃走。"定公很不高兴，一进内厅就对左右说："像颜回这样的君子原来也会诽谤别人啊？"3天后，养马官来求见说："东野毕的马跑掉了！那两匹拉套的骖马挣脱缰绳逃走了，只有两匹辕马回到了马棚。"定公从席位上站起来说："立刻备车，请颜回来！"

颜回来了，定公说："前些日子我问您，您说：'东野毕的驭马术，好得很是好得很，尽管如此，他的马将会逃走。'不知您是怎么知道的？"

颜回对答说："我根据古人施政办事的经验知道的。从前帝舜特别善于使用民力，而造父特别善于使用马力。帝舜从不让他的人民疲于奔命，造父从不让他的马匹精疲力尽。因此，帝舜没有逃亡的人民，造父没有逃跑的马匹。如今东野毕驭马，登上车子，握好缰绳，马嚼子和马匹的配合正常了，马走起来十分得意，马的调教工作也做好了。于是赶车历经艰险，达到了很远的目的地。这时马的能力已经完全施展出来了。然而，东野毕还不肯罢休，要求马匹继续奔跑，使它们实在无法承受，我因此知道它们一定会逃跑。"定公说："说得很好！您的议论可以再稍加发挥吗？"

颜回对答说："我听说，鸟陷入困境会急得不顾一切地啄，兽陷入困境会不顾一切地抓，人陷入困境会使用欺诈。从古到今，逼得百姓走投无路，自己定会遭殃。"

▲赵襄子因胜而忧

有一次，赵襄子派新雅穆子去攻打翟国。一连攻下了左人城、中人城。新雅穆子派使者回来报告襄子。襄子正在吃饭，听到这个消息后，脸上现出了犯愁的神色。身边的人看见他这样，不明白他的意思，说："一下子攻下两座城，这是人们感到高兴的事，现在您却犯愁，这是为什么呢？"襄子说："长江黄河涨水，不超过3天就会退落，狂风不可能整天刮个不停。现在我们赵氏的德行还没有丰厚的基础，一下子攻下两座城，灭亡恐怕要让我赶上了！"

由于赵襄子善于在胜利的时候看到危险，所以赵国才逐渐由弱国变成了强国。

▲孟子说戴不胜

有一天，孟轲问宋国的大臣戴不胜："你希望你的国君成为好的国君吗？""这当然是我的最大愿望了。"戴不胜答。孟子说："那好！我明白地告诉你吧。假使有个楚国出生的小孩，想让他学说齐国话，那么你说是让齐国人教他好呢？还是让楚国人教他好呢？""当然是让齐国人教他好了。"戴不胜毫不犹豫地回答。

孟子接着说："对啦。可是如果只有一个齐国人教他说齐语，这个小孩的周围全是楚国人，整天用楚国话干扰他，在这种情况下，即使天天用鞭子抽打他，他也学不成齐国话，你说是这样吗？"戴不胜信服地点了点头。

孟子讲到此，把话题一转，说："你认为薛居州是个正派的人，把他安排在宋王的身旁，这当然好。如果在宋王周围的人都能像薛居州那样正派贤明，那么宋王还会跟谁学干坏事？可是如果在宋王周围的人，与薛居州相反，都是些阿谀奉承、阴险狡诈的小人，宋王又会跟谁学做好事呢？所以我认为，只有一个薛居州，对宋王起不了多大的作用。"

戴不胜连连点头称"是"。

孟子要讲的"主题"是"亲贤臣，远小人"的治国之道。然而，他这番大道理，却是从学说话这个浅显的比喻引申出来的。

▲剖腹藏珠

唐太宗李世民对身边的侍臣说道："我听说胡贾得到一颗漂亮的珍珠，就把自己的皮肉割开藏到肚子里了，有这回事吗？"侍臣回答说："有。"李世民又说："人们都笑话他爱珠子而不爱惜自己的身子，其实，官吏受贿犯法与帝王骄奢淫逸而亡国的，和胡贾剖腹藏珠有什么两样呢？"

魏征说："从前鲁哀公对孔子说：'有的人非常健忘，搬家忘了带自己的老婆，岂不是太怪了吗？'孔子说：'还有更严重的是：夏桀、商纣连自己的手足（忠臣）都砍掉了。'这说的也同胡贾剖腹藏珠一样。"太宗说道："对，我和你们，应当竭尽全力，一心治国，不要让后人笑话我们善于忘事呀！"

▲议员是我，还是驴？

本杰明·富兰克林是18世纪美国著名的物理学家、政治家、外交家。他曾做过在雷电时放风筝的试验，积极参与了《独立宣言》的起草，为争取黑人解放发表过演说，为建立美国民主制度进行过斗争。

当时，有一项法律规定有钱人才有资格当议员。针对这一法律，富兰克林在议会上说："要想当上议员，就得有30美元。这么说吧，我有一头驴，它值30美元，那么我就可以被选为议员了。一年之后，我的驴死了，我这个议员就不能继续当下去了。请问，究竟谁是议员呢？是我，还是驴？"

▲罗斯福言近旨远

1941年5月21日，美国运输船罗宾·摩尔号从纽约到开普敦的途中，被德国潜艇击沉。事件发生不久，海军部长诺克斯乘机提出美海军护航的主张。国会中的孤立派立即作出了强烈反应。他们指责说，扩航就是宣战，将导致美国与德国的全面战争。孤立派费什甚至要弹劾诺克斯。国会中主战派与孤立派争论十分激烈，双方互不相让。

正在双方争得难分难解之际，1941年9月4日，德国潜艇炮击了美国驱逐舰格里尔号。罗斯福认为这是反击孤立派的好时机。事件发生的第二天，罗斯福举行了一次记者招待会。他说："如果不理会这种攻击，就如同一个当父亲的，当他的孩子们在上学的路上遭到埋伏在树丛中歹徒的射击，尽管没有打中，他却不能不闻不问。他应当搜寻树丛，抓住歹徒，把他们消灭掉。"

9 月 11 日，罗斯福命令美国军舰对德国军舰"见了就打"。他又说："在响尾蛇摆开架势要咬你的时候，你不会等它咬了你才把它踩死。"两天之后，他又下令对北美到冰岛航线上的美国船只进行全面护航。

虚实篇

 虚虚实实

【心理战术】

抓住对方"先入为主"和"以此类推"的心理，采用"先真后假"或"先假后真"的方法，使对手上当，进而战胜对手。

和人谈话，如果对方一开始就说谎而被察觉，就会以为后面说的都是谎话。反之，如果一开始对方说了真话并且印象很深，那么后面即使说了谎，也往往被认为是真话。现代心理学中称这是"先入为主"。灵活运用这一效应，就会收到虚实混淆，以假乱真之效。

真真假假，虚虚实实，无中生有，兵不厌诈，是军事、外交斗争中惯用的手段。

【经典案例】

▲甘茂中伤公孙衍

战国时，秦国相国甘茂，有一段时间忧心忡忡。这是因为秦王突然器重将军公孙衍，常常把堂堂的相国甘茂冷落在一边，甘茂对此非常气愤。忽然有一日，有人对甘茂说，国君要更换相国，候选人就是公孙衍。

甘茂听了，马上要求拜见国君，当面说道："大王您就要得到有为的相国了，请让我向您表示祝贺！"秦王听后吃了一惊，心想："他怎么会知道的？"连忙改口道："你说的哪里话？我不是把国事都交给你了吗，哪还需要什么别的相国呢？"甘茂直截了当地说："大王您不是想任命公孙衍为相

国吗?"秦王反问:"你这是从哪里听来的谣传?"甘茂略作停顿,说:"咦?是公孙衍将军自己这样说的呀……"

秦王张口结舌,无法回答。心想:"公孙衍这个人可真靠不住啊!"不久,公孙衍就被流放了。

秦王因为听到甘茂前面的话属实,就把后面的谎话也当成实情了。

▲树名"善哉"

汉武帝见到一棵树,连称好树,问东方朔它叫什么名。东方朔也不认识,便按"好"的意思,编个名字,说:"这树名叫'善哉'。"武帝将信将疑,暂时把这件事放下了。

过了几年,武帝又问东方朔这树名,东方朔也早打听过了,便回答说:"叫'瞿所'。"武帝说:"你这个东方朔,原来告诉我叫'善哉',骗了我好几年。你说,是怎么回事?"

东方朔这才想起几年前他随口胡诌的"善哉"来。不过,他很会辩白,说:"这没有什么可奇怪的。小时叫驹的,大了叫马;小时叫雏的,大了叫鸡;小时叫犊的,大了叫牛;人也是这样,小时称儿,大了称老。这树,过去叫'善哉',现在该叫'瞿所'了。"

汉武帝听了,哈哈大笑,不再追究。

▲刘荫枢为民除弊

刘荫枢是清代康熙年间的一位能吏,他在担任地方官时,革除了不少弊政,很受百姓的称道。

一次,朝廷委派他出任赣南道道员(清代省以下,府、州以上的行政长官)。当时,驻扎在赣南的清军军纪败坏,不少部队私自设卡收税,肆意对过路行人敲诈勒索,成为当地百姓的一大祸害。刘荫枢到任后,决心革除这一弊政。然而,只有当地驻军的总兵才有权整顿军纪,因此革除这项弊政显然不是下一道公文就能解决的。他左思右想,终于想出了一条妙计。

这一天,刘荫枢发出请帖,邀请当地的军政长官到自己的府上来赴宴。请帖发出之后,他又叫过道台衙门里的两名办事人员,要他们一人携带布匹,一人携带小麦,在中午时分通过城门驻军设的税卡,叮嘱说:"如果他们收税，就把布匹与小麦抵押在那里，赶快回来向我报告。"二人点头称是，领命而去。

道台府内会聚着赣南的文官武将，宾朋满座，杯盘交错，好不热闹。正当大家吃喝到兴头上的时候，忽然有两个人急匆匆地从外面走了进来，向刘荫枢报告说："大人买的布匹小麦全被抵押在城门的税卡了。"

刘荫枢愤怒地说："城门收税人太蛮横无理了，连道台衙门的人买的东西都敢抢夺，就知道他们对老百姓是怎样的了！"他故意问："是哪一位税官敢于这样胡作非为？"来人回答说："道台衙门的税官倒还不敢胡来，只有驻军设的关卡无人管束，胡作非为的事都是他们干的。"这时，刘荫枢站起身，向坐在旁边的一位总兵深深行了一礼，说："驻军设卡收税本身就不合法，趁机对过路人敲诈更是错上加错。我知道，这些都是您的手下人背地里干的，希望您明察秋毫，下令取消这些不法的税卡。"

这么一来，在座的人都把目光集中到总兵身上，把总兵弄得十分窘迫。他红着脸，连连点头称是，表示同意革除。第二天，总兵发出命令，取消了驻军在城门设的税卡。

▲哈恰图良改曲

哈恰图良是前苏联著名作曲家，罗斯特洛波维奇是与他同时代的一位著名的大提琴家。有一次，罗斯特洛波维奇请哈恰图良为自己写了一部狂想协奏曲。拿到这部狂想协奏曲之后，罗斯特洛波维奇觉得有几处不合自己的感觉，于是他想让哈恰图良改动一下。但是，罗斯特洛波维奇深深了解哈恰图良极其自负，很难接受别人的意见，怎样才能使哈恰图良改动他的曲子呢？

想了很久，罗斯特洛波维奇想出了一个办法。他找到哈恰图良，非常钦佩地对他说："阿拉姆·伊里奇，您完成了一部极为杰出的作品，一部金碧辉煌的杰作。但有些地方是银色的，还得镀上金。"

哈恰图良听了罗斯特洛波维奇的奉承恭维，非常满意，高兴之余，按照罗斯特洛波维奇的意思，改动了自己的狂想协奏曲。

假戏真做

【心理战术】

顺着对方的"戏"演下去，然后虚而实之，将计就计。

假戏真做是这样一种将计就计的心理战术，它不对论敌做正面的反击，而是装作糊涂，顺着对方的"戏"演下去，然后虚而实之，将计就计，给予对方狠狠一击。

【经典案例】

▲西门豹治邺

西门豹治邺这段史实记载着战国时期西门豹运用假戏真做的谋略惩治当地邪恶势力，制止"河伯娶妇"的虐害人民的做法。从舌战谋略来说，这是假戏真做的经典案例。值得一提的是河伯娶妇是《滑稽列传》之附传，不是司马迁的作品，而是西汉后期学者褚少孙续补的。

魏文侯时，西门豹当了邺地的县令。西门豹一到邺地，就召见了一些老人，问他们当地老百姓对什么事最痛苦。那些老人告诉西门豹："痛苦莫过于给河伯娶妇。为了这个缘故，当地闹得很穷。"

西门豹问这是怎么回事。回答说："邺地的三老、廷掾，每年向老百姓征收捐税，收到的钱总有上百万，花费其中的二三十万替河神娶妇，把剩下的钱和庙祝、巫婆们一起分了。到了一定时候，巫婆出来巡查，见到那些穷苦人家的女孩子模样长得漂亮一些的就说：'这个应该给河神做夫人。'这话一说，就算聘定了，不愿意还不行。接着就给这个女孩子洗澡洗头，缝制崭新的绸缎嫁衣，要她单身居住，斋戒等待。在漳河边上，搭盖一座房子作为'斋宫'，四面挂着丹黄色和大红色的帐帷，让她住在里边，给她准备好菜肴、食品，好吃好喝，过了10多天，大家便把她打扮起来，如同嫁女儿一样。用一张席子当做床，叫她坐在上面，然后抬荐帘子，把它放在河里，起初浮在水面上，漂流几十里，渐渐沉到水里。那些有女儿长得漂亮的人家，只怕巫婆和庙祝们来给河神讨娶，所以带着女儿远走高飞。因此城里显得空荡荡的，这样就更穷了。民间有个传说：'如果不给河神娶妇，河神就要发大水淹死一城的百姓。'"

西门豹说："等到河神娶老婆的那一天，希望三老、巫婆、庙祝和各位父老，都到河边上送新娘，也希望告诉我一声。"大家都答应了。

到了给河神娶妇那天，西门豹到河边上和大家会合。三老、县里的属吏、豪绅们、当地的父老乡亲和那个被选中的女孩都到了，估计有两三千人。那个巫婆是个老太婆，年纪已经 70 了。跟随她的女徒弟，约有 10 多个，一律穿着绢做的单衣，站在大巫婆背后。

西门豹说："把河神老婆叫来，看看她漂亮不漂亮。"大家把帐帷中的女孩子带出来，站在西门豹面前。西门豹看了一眼，就回头对三老、巫婆、庙祝、父老们说："这个女孩子不漂亮，够不上做河神老婆的标准，有劳大巫婆走一趟，到河里去通知河神，等到另外找一个漂亮的女子，过一天再重来。"说着喝令属吏差役，抱起大巫婆，把她抛进河里。

隔了一会儿，西门豹说："巫婆怎么走了这么长时间还没有回话，叫个徒弟去催催她。"说着又令把一个徒弟扔进河里，这样前前后后，扔了 3 个徒弟到河里。

西门豹说："巫婆和她的徒弟都是女的，事情讲不清楚，有劳三老去河里通知一下。"不容分说，又把三老扔进河里。西门豹帽子上插着簪笔，把腰弓得像石磬一般，恭恭敬敬地面向河水，不声不响，毕恭毕敬，站了半天。长老、吏官、旁观的人都惊怕起来了。西门豹瞟了一眼："巫婆、三老都不回来，怎么办？"这些廷掾和豪绅们都趴在地上磕头，面如土色。

西门豹说："好吧，姑且等一下吧。"又等了一会儿，西门豹说："廷掾们起来吧！看样子，河神留客的时间长了，咱们也该休息了，大家回去吧。"

邺地的官吏和乡民被这么一整，十分惊怕，从此之后，谁都不敢再提给河神娶老婆了。

西门豹的这一着可真漂亮，他接着巫婆们演戏，故作糊涂，接连把巫婆、弟子、三老 5 个人投进了河里，这种打击的力度足使廷掾、豪绅失魂落魄，不敢再干这件事了。这一着又十分策略，"以其人之道，还治其人之身"，以通知河神作借口回敬巫婆、庙祝、廷掾等人，使他们自食其果，并有口难言，毫无招架之力。这一着便是假戏真做，应用得好，威力无穷。

假戏真做的谋略有其内在的规律和价值。巫婆、三老、豪绅们相互勾结，打的是治水敬神的幌子，因此他们演的戏虽然残忍荒谬，但在神权社会中，有其存在的空间。西门豹想破除迷信不是件容易的事，企图通过说理来说服对手，是行不通的，不如假戏真做。以谬治谬，打击有力，也能启发和教育群众，巫婆、三老、廷掾、豪绅们在西门豹的打击下丑态百出，其"为河神娶妇"的荒谬性也就不攻自破。

假戏真做是借着对方的戏演下去的，以其之矛，攻其之盾，以其人之道，还治其人之身，这就"顺理成章"，显示其斗争的合法性和合理性。西门豹接连把5个人投入河中，名为通知河神，实为惩办罪恶。这是合法惩办，豪绅、三老们只能痛在身上，苦在心里。

▲将计就计演曹操

假戏真做是将计就计，在对方的圈套外再设一圈套接着演戏，要佯顺敌意，诱使对方上钩，这样才能以谬治谬，以恶还恶。

明初年间，某地有一个知府姓曹，自称是三国曹操的后代。一日曹知府看戏，正逢演"捉放曹"。扮演者姓赵名生，演技高超，把曹操的奸诈阴险，表演得淋漓尽致。曹知府见到自己的祖先被侮辱，不禁大怒，当即派公差捉赵生进府，要治他的罪，公差去捉赵生时，赵生不知其故，公差以实情相告。赵生听后，微微一笑，胸有成竹地进了县府。

曹知府见赵生昂然而来，拍案喝道："大胆刁民，见了本府为何不跪！"

赵生瞪眼反问："大胆府官，既知曹丞相前来，怎么不前来迎接！"

曹知府气得脸色铁青："你，你，谁认你是丞相？你是唱戏假扮的。"

赵生冷笑一声："哼！大人既然知道我是假扮者，为什么还要派人将我治罪呢？"

曹知府张口结舌，无话以答，只是将赵生放了。

假戏要真做。戏是假的，但反击是真的。因此，这无疑是一场真实的战斗，不但要演得像，诱使对方上当，而且要演得真，来真格的，更要演得好，有好的效果。西门豹把巫婆、弟子、三老投入河中，要他们去通知河神改日娶妇，他的戏演得可真好，只见他"簪笔磬折，向河立待良久"。

而且一演到底，廷掾、豪绅叩头破额，西门豹见起到了效果，可以停止演戏了，还煞有介事地说："廷掾起矣！一状河伯留客久，若皆罢去矣。"

假戏真做，演的是假戏，但演得不像，就失去效果了。

巧于迂回

【心理战术】

不直接针对目标，而是采取迂回绕弯的心理战术，最终又绕回到目标上来，以达成目的。

辩说者的目的是要从道理上征服对方，在一般情况下常常是直插主题。可是如果直线运动受到阻遏，得采取迂回包抄的对策，避开对方的词锋，以适应错综复杂的情况。这种看来漫长迂回的道路，实际上是取胜的捷径。

运用这一谋略，要巧于迂回，避实就虚，闪开对方所期待的进攻路线或目标，从看来似乎无关的话题入手，打消对方的戒备心理，再引入我方的正题。

【经典案例】

▲淳于髡救薛

楚国人攻打齐国孟尝君所在的封地——薛，齐王没发救兵，正好大夫淳于髡出使楚国后，经过薛地。孟尝君以礼相待，并亲自到郊外送他，对他说："楚国人攻打薛地，我已经没办法再侍奉您了。"淳于髡点点头，表示要请齐王发兵救薛。

淳于髡回到了齐国，禀报完毕。齐王说："您到楚国见到了什么？"淳于髡回答说："楚国很贪婪，薛也不自量力。"齐王说："您说的是什么意思？"淳于髡回答说："薛不自量力，在那里建了先王的宗庙。楚国攻打薛，薛的宗庙必定不保。所以说薛不自量力，楚国也太贪婪了。"

齐王一听变了脸色，说："哎呀！先王的宗庙在那里啊！"于是赶快发兵救薛，薛地得以保全，孟尝君得救。

▲孟子讽齐宣王

孟子对齐宣王说："假如您的一个臣子把妻子儿女托付给朋友照顾，自己去楚国游历，等到他回来，他的妻子儿女却在受冻挨饿。那该怎么办呢?"

宣王说:"这样的朋友要他干什么，和他绝交!"

孟子说:"假如司法官不能正确处理经手的案件，该怎么办呢?"

宣王说:"这样的法官要他干什么，撤他的职!"

孟子说:"那么，一个国家治理不好，又该怎么办呢?"

宣王尴尬地左顾右盼，说起了别的话题。

▲虞卿说赵王合纵

魏国派人通过平原君的关系向赵国请求合纵，谈了好几次，赵王不答应。平原君从宫里出来遇见虞卿，说:"如果进宫会见大王，请您一定要谈谈合纵。"虞卿入宫，赵王说:"平原君为魏国请求合纵，寡人没答应，你对这件事怎么看?"虞卿说:"魏王错了。"赵王说:"对，所以寡人不答应。"虞卿接着说:"大王也错了。"赵王说:"为什么?"虞卿说:"大凡强国和弱国结盟，共同行事，总是强国得其利，弱国受其害。如今魏求合纵，而大王不答应，岂不是魏国请求受害，而大王却拒绝受利。所以我说，魏王错了，大王也错了。"赵王听了，当即决定与魏合纵。

▲触龙说太后

公元前265年，赵惠文王死，太子丹立，即为孝成王。时孝成王年少，母亲赵太后掌管朝政。次年，秦国攻打赵国，一连攻占赵国3座城池，情势十分危急。赵国无奈，只好向齐国求救。齐人说:"一定要用长安君（赵太后少子，长安君是他的封号）做人质，方可出兵。"太后不答应，大臣们极力劝谏。太后不耐烦了，对身边的臣下说:"有人再提让长安君去齐国做人质的，老妇一定啐他一脸唾沫!"

左师触龙说他愿见赵太后，太后怒气冲冲地等他来见。触龙先说自己有腿脚毛病不能快步行走，请太后见谅，接着问候太后的饮食起居，太后的气消了不少。然后对太后说:"臣有一个儿子名叫舒祺，他年龄最小而又偏偏不成器。臣老而无用了，内心非常怜爱他，希望能安排他当一个宫中的卫士，为保卫王宫出把力。臣想趁自己还没进棺材之前把他托付给您，亲见此事办成，就幸运得很了。"太后笑道:"男子汉也疼爱小儿子吗?"触龙回答说："比妇人还要厉害。"

太后不示弱，说："不，妇人更厉害。"触龙说："我认为您爱女儿燕后超过长安君。"太后说："您错了，不如爱长安君爱得深。"触龙说："父母爱自己的孩子，应该替他们作长远打算。太后送女儿出嫁时，哭哭啼啼，这是因为想到她要离家远嫁，不觉哀怜她了。嫁过去以后，您非常想念她，但是在祭祀时却祷告说：'即使想家，也一定不要让她回来'，这难道不是从长远打算，希望燕后的子孙后代世为王吗？"太后说："是的。"

触龙接着又问："从现在往前推算，赵孝成王、惠文王、武灵王以前赵国国君的子孙现在有封侯的吗？"太后肯定地说："没有。"触龙说："这些事实说明，他们当中遭祸早的，祸患及于自身；遭祸晚的，祸患及于子孙。难道是国君的子孙，得到封侯都不好吗？不，这是因他们位尊而无功，俸厚而无劳，却执掌着国家的大权。今天，您使长安君地位尊贵，封给他肥沃的土地，多给他贵重的器物，不趁此时让他为赵国立功，一旦太后您不在，他就无法保持自己在赵国的地位了。"

太后恍然大悟，说："好！这事交给您办了，任凭您派遣他到哪儿去都行。"于是，赵国把长安君送到齐国去做人质。齐国的要求满足了，出兵救赵，秦军不战而退。

▲赵绰谏文帝

隋文帝时的大理寺少卿赵绰，被他的下属来旷诬陷。文帝下令调查，发现不是那么回事。于是文帝下令将来旷斩首。

来旷吓得魂不附体，赵绰却出来替他求情。文帝很不高兴，说："他诬陷了你，你反而救他，倒显得你宽宏大量，我不能容人。"赵绰赶忙叩头说："陛下不以臣为愚忠，命臣执掌国家大法，臣只知按法从事，而不知其他。按法，来旷不当判处死刑，这也可体现了陛下的爱人之心。"

文帝气仍不消，拂衣入后阁，传下话来，不要再提此事，若有其他事方可入内面奏。赵绰立即说："臣不再提来旷的事了，还有几句其他的话要面奏。"经文帝准奏后，赵绰入阁下拜道："臣有三大死罪。"文帝倒奇怪了。赵绰说："臣为大理寺少卿，不能教育自己部下来旷，使他触犯了陛下大法，此其一。他不当死，而臣不能以死力争，此其二。第三，臣本无其他话要说，却假说有别的事请求接见。有此三条，还不应死吗？"文帝听了，脸色温和下来，说："难为你如此忠贞。"终于下令免了来旷死罪。

▲ 以曲劝夫

元朝初期，有一位著名的女书画家管道升，与她的丈夫赵孟頫几乎齐名。

赵孟頫官运亨通，官至翰林学院士承旨。他一朝得志，便想纳妾，但又担心管道升不满，便写了一曲来试探管道升。

"我为学士，你做夫人，岂不闻王学士有桃叶桃根。苏学士有朝云暮云？我便多娶几个吴姬越女无过分。你年纪已过四旬，只管占住玉堂春！"

管道升看到后，也写了一曲以表达自己的看法："你依我依，忒煞情多，情多处，热如火！把一块泥，捻一个你，塑一个我，将咱两个，一齐打破，用水调和，再捻一个你，再塑一个我，我泥中有你，你泥中有我；与你生同一个衾，死同一个椁。"

此曲温柔委婉，极为形象地表达了管道升对感情的忠贞不渝，曲中既没有表现出愤懑怨恨，也没有乞求怜悯，而是用她的一片深情来打动丈夫的心。看了这首曲，赵孟頫深为感动，便不再提纳妾的事。

▲ 夏完淳骂洪承畴

降清的明朝叛臣洪承畴，在南京总督军务时，曾审问抗击清军的神童夏完淳，企图诱使夏完淳归降："你小小年纪误受叛乱之徒蒙骗，只要归顺大清，我保你前程无量！"

夏完淳装作不认识洪承畴，故意高声回答："你才是个叛乱之徒！我是大明忠臣怎说我反叛？我常听人说起我大明朝忠臣，洪承畴先生在关外和清军血战而亡，名传天下。我虽年幼，说到杀身报国，还不甘心落在他的后面呢！"洪承畴瞠目结舌，手足无措，督府幕僚以为他真不认识洪承畴，赶忙悄声告诉夏完淳："上座正是洪大人。"夏完淳假装不信地说："胡说，洪大人早已为国捐躯，天下谁人不知？当时天子亲自哭祭他，满朝群臣无不痛哭流涕。上座这个无耻叛徒是什么东西，竟敢冒大名来玷污洪大人的'忠魂'！"

夏完淳指着背叛大明的贼子逆臣骂了个痛快，使得高高在上的"总督大人"啼笑皆非，无地自容。

▲蓬皮杜迂回制胜

法国已故总统乔治·蓬皮杜在诗歌方面造诣颇深，还喜欢把诗当作一种武器运用于政治斗争中。他与对手论战或会谈，不时引述一些绝妙的诗句，或让对方上套，或自我解围。他任总理期间，在一次议会会议上，当一些人气势汹汹地指责他受戴高乐任意摆布，嘲笑他不过是戴高乐的 1 名走卒时，他不慌不忙地用法国诗人斯卡隆的 3 句诗作答：

"我看见一个马车夫的影子，

手中拿着一把刷子的影子，

在拂拭一辆马车的影子。"

然后莞尔一笑，说道："我也不过是一个幽灵。"

听到这里，人群中爆发出一阵笑声，剑拔弩张的紧张气氛顿时缓和下来了。

"但未来从来不属于幽灵！"蓬皮杜不失时机地把话锋一转，"如果有一天我们主张把全部权力都交给对议会负责的总理。那么我们立即就会回到第四共和国，回到共和国险遭灭顶的多党制上去……独裁政权吗？绝不是。总统权力是受限制的，他必须与政府意见一致。同样，总理关于总的政治路线方面也必须与国家元首一致。因为如果在基本问题上观点不同，国家机器就不能平稳顺利地运转。"蓬皮杜从容不迫地结束了自己的雄辩，人群报以热烈的掌声。

反话正说

【心理战术】

当把反话正着说时，就会产生心理上的矛盾和冲突，进而证明"正话"的合理性和正确性。

或者是故意装出简单、憨直或愚笨的样子，说出一些直拙的实话或貌似真诚的反话，既可以表达出自己的想法和情绪，又不让别人觉得自己是在有意伤人，而被奚落者听了，找不到理由发作，只有忍气吞声。

【经典案例】

▲晏子数养马人之罪

齐景公常用的一匹马，被养马人杀了。齐景公大怒，操起戈便向养马人刺去。晏子说："请让我替您数说他的罪状，然后再杀不迟。"景公应允。

晏子举戈走到养马人面前，列举他的罪状说："你为我君养马而擅自杀死它，罪该死；你使我君因为一匹马而杀死养马人，罪又该死；你使我君因为一匹马杀死养马人而被诸侯瞧不起，罪更该死。"景公听了猛然醒悟，说："您把他放了吧，不要因为他伤害我仁慈的名声。"

▲东方朔答客难

有一次聚集在学宫里的博士们讥讽东方朔说："苏秦、张仪一旦遇到大国的君主，就能位居卿相的位置，恩泽传于后代。先生您研究先王治国的方术，仰慕圣人的道义，熟习《诗》、《书》和百家的言论，还写成文章发表出来，自认为天下无双，可以说见多识广，富于口辩才智了。然而您竭力尽忠侍奉圣明的皇帝达数十年，官职不过侍郎，位置不过执戟，这是什么缘故呢？"

东方先生说："这本来不是你们所能理解的。不同的时代，难道可以相提并论吗？张仪、苏秦生活的那个时代，周朝十分衰微，诸侯们不去朝见周天子，以武力争夺权势，天下分裂为12个诸侯国家。此时得到人才的诸侯就强大，失去人才的就败亡，所以各国之君对人才言听计从，让他们身居高位，恩泽传到后代，子孙长久尊荣。现在不是这样了。"圣明的皇帝在朝廷掌政，恩德普及天下，诸侯归服，威震四方夷狄，疆域广袤，国家比倒扣的盘盂还要安稳。由于天下统一，融合成为一个整体，只要有所行动，在全国立即得到贯彻，容易得好像珍珠在手掌里转动一下一样。因此贤与不贤的人都能俯首听命，凭什么来辨别他们的差异呢？汉朝的疆域广大，士民众多，那些竭尽精力，奔走游说，同时向朝廷进献计谋的人，就像辐条凑集于车轴，多得数不清。所以即使是竭力仰慕道义的人，也往往被衣食所困，有的竟连进身的门路都摸不到。"

"假使苏秦、张仪跟我同生在当今的时代，他们恐怕连一个掌管户籍的小吏都当不上，怎么敢奢望当上常侍圣帝的侍郎呢！古书上说：'如果天下太平，即使有圣人，也没有地方施展他的才干；如果君臣上下和睦同心，即使有才能的人，也不容易建立盖世功勋。'所以说时代变了，事态也就跟着变了。虽然这样说，君子怎么可以不努力加强自身的修养呢？《诗经》上说：'在宫内敲钟，声音能传到外面。'只要能够修养自己，就不用担心不能获得荣誉！"

"姜太公追求仁义72年，遇到周文王，才能实行他的主张。这就是士人所以要日日夜夜、勤勤恳恳，研究学问，推行自己的主张，不敢停止的原因。现在世上的隐士不少，时下虽然不被任用，如果能挺然独立，居安不躁，远观许由的行事，近看接舆的为人，智谋如同范蠡，忠诚合于子胥，对这种人来说，离群孤立，本来是平常的事情，你们为何对此疑惑不解呢？"于是那些博士们都无言以对。

▲再挖一个梁山泊

王安石当宰相时，大兴水利。一天，刘贡父去拜访他，正赶上有位客人来陈述关于水利方面的建议。

这客人说："梁山泊面积很大，要是把水排净，可得万顷良田，只是还找不到合适的贮水的地方。"王安石似乎没看出这办法的愚蠢之处，正在低头沉思。

这时，刘贡父大声说："这有何难？"王安石以为他有了好主意，就催他快说。刘贡父说："再挖一个像梁山泊那样大的洼地，不就有贮水的地方了吗？"

王安石大笑道："梁山泊之事，就不议了吧！"

▲陈埙除霸

南宋理宗年间，陈埙出任浙西提点刑狱吏。浙西地区有两个恶霸，一个叫俞垓，一个叫戴福，他们仗着与丞相李宗勉沾亲带故，横行乡里，鱼肉百姓。

陈埙到任后，首先拿俞垓开刀。他派人暗暗查访，掌握了俞垓违法贩货的充足证据，立即赶到其居住的安吉州，亲自审讯定罪。由于陈埙掌握了铁证，没人再敢说情。

戴福听到俞垓被抓，连忙跑到京师躲进了丞相府中。这等于给陈埙出了个难题，既不能到丞相府去抓人，又不能这样不了了之，有负众望。于是陈埙给李宗勉写了一封信。信中说："我到浙西负责刑狱，是丞相对我的信任，现在外面盛传戴福躲在贵府中，我不信会有此事，丞相乃本朝贤臣，绝不会庇护这个罪犯的。"李宗勉看了信，自知理亏，只好把戴福赶了出来。

戴福被捕后，因民愤太大，许多人都要求杀他，陈埙拦阻道："本朝有刑律，须按罪处理，否则就是滥用刑法了。"陈埙按律在他脸上刺上囚犯的标记，带到闹市游街示众，别的有劣迹的人见丞相的心腹之人都被黥面治罪，纷纷改邪归正，谨守律条。

▲苏沃洛夫讥权贵

苏沃洛夫 14 岁入伍，从下士开始，屡经战斗，多次负伤，无数次建立功勋，最后成为俄军的元帅。他以自己举止嗜好都带有浓厚的军营气息，毫无宫廷中生活的浊气而自豪。

一次，俄国女皇叶卡捷琳娜在宫中举办盛大宴会。宴会豪华阔绰、奢侈无度。王公、大臣、将军、贵妇、小姐们一个个珠光宝气、矫揉造作、虚文浮礼。苏沃洛夫也应邀去参加宴会。在金碧辉煌、过度奢靡的宫廷宴会上，他想到前线官兵的艰苦卓绝，感到极不协调。

正巧这个时候，叶卡捷琳娜发现了他，女皇立即来到这位劳苦功高的统帅面前，亲切地问他："亲爱的英雄，你需要些什么样的款待？我会尽力满足你。"

苏沃洛夫故意生硬地回答女皇："我想来点白干。"

叶卡捷琳娜万没料到苏沃洛夫提出这样的要求，在一大群廷臣面前给她和她的宴会丢了面子。女皇忍着气，板着脸问苏沃洛夫："你居然提出这种要求，你知道宫中侍女们听说后会把你当成什么样的人吗？"

苏沃洛夫自豪地回答女皇："我想她们会觉得站在她们面前的是一个战士！"

随后，苏沃洛夫假借向女皇道歉，当着周围众多显宦名臣，一字一句地说："很抱歉，陛下。我由于多年担任下级职务，现在已养成了心境纯洁而举止粗鲁的习惯，丝毫不懂得阔绰应酬的虚套。我一生都是过的战场生活，现在就是要想习惯这些虚套，也来不及了。所以只好请女皇原谅。"

叶卡捷琳娜和周围群臣听了，一个个面面相觑，面红耳赤，无言以对。

▲里根胜蒙代尔

1984 年里根竞选总统时，已经 70 多岁。他的对手是民主党的蒙代尔。蒙代尔是卡特当政时的副手，上过大学，当过兵，担任过律师和参议员，经验丰富、年富力强，只有 56 岁。

美国在总统竞选期间都要进行电视辩论，蒙代尔要求同里根进行 6 次较量。里根知道自己的体力条件不如对方，所以没有答应。二人经过多次讨价还价，达成协议，进行两次电视辩论。第一次电视辩论中，里根处于劣势，蒙代尔稍占上风。这次辩论，蒙代尔的主要策略，是指明里根的年龄太大，难以应付繁重的内政外交活动。

10 月 21 日晚，双方举行第二次电视辩论。里根一开始就发动进攻。他说："上次辩论中蒙代尔说我年龄过大。但我不会把对手的年龄、不成熟这类问题在竞选中加以利用。"里根的话使众人哈哈大笑。在这次辩论中，里根占了上风。

正话反说

【心理战术】

正话反说和修辞中的反语形似而实异，从表面上看，说话者都是用跟本意相反的词语来表达本意。但反语含有嘲弄讽刺的心理效果，而正话反说只是为了使语言活泼、幽默风趣，没有嘲弄讽刺的味道。

【经典案例】

▲高级军官的素质

曾任美国纽约陆军国民警卫队副长官的哈兰德少将，在西点军校一次毕业典礼上，阐述了军队领导人必须具备的条件。他认为，作为高级军官，必须做到：

1. "懒惰" ——放手让其他人（部下）工作。

2. "异想天开" ——相信别人都会恪尽职守。

3. "头脑简单"——要求去干所谓"办不到"的事情，甚至最终看来仍然是"办不到"的事情。

4. "硬干"——相信会把工作做好。

5. "无知"——永远把自己当做学生，问一些"傻"问题。

6. "愚蠢"——工作刻苦，有献身精神，却几乎不要物质奖励。

7. "厚脸皮"——当别人怕干不好丢面子时能挺身而出，把尽职看得比"乌纱帽"重要。

8. "狂妄"——敢于怀疑"大人物"提出的某些设想的合理性。

9. "轻视权力"——只要对其他人（下级、同级或上级）有用，就把自己掌握的情况无保留地公开告诉他们。

10. "无纪律"——没有上级的命令就按正确的行动步骤自作主张去处理。

11. "自认无能"——为了把任务完成好，尽管有损于自己的声誉，也能勇于请求他人帮助。

12. "懦弱"——有意使自己周围的人都具备优秀领导者的条件。

他的讲话因其风趣而令人难忘。

 忠言顺耳

【心理战术】

人们都有听好话的心理，因此可以通过先讲"好听的话"的方式让忠言变得顺耳，进而被对方接受。

表扬与批评是对立的、相反的，但又是可以转化的。严厉尖锐的批评，可以通过表扬、称赞的方式来表达，"忠言"也可以做到"不逆耳"，正如"良药"未必都"苦口"。

【经典案例】

▲翟璜谏魏文侯

战国时期，魏文侯派大将乐羊攻伐中山，占领中山后，魏文侯把它分封给了自己的儿子。有一次，魏文侯问群臣："我是怎样的君主？"群臣几

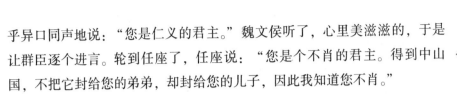

乎异口同声地说："您是仁义的君主。"魏文侯听了，心里美滋滋的，于是让群臣逐个进言。轮到任座了，任座说："您是个不肖的君主。得到中山国，不把它封给您的弟弟，却封给您的儿子，因此我知道您不肖。"

文侯听了很不高兴，任座快步走了出去。按次序轮到了翟璜，翟璜对文侯说："您是个贤君。我听说君主贤明的，他的臣子言语就直率，现在任座的言语直率，因此我知道您贤明。"文侯很高兴，说："你能让他回来吗？"翟璜回答说："怎么不能？我听说忠臣竭尽自己的忠心，即使因此获得死罪也不敢躲避，任座恐怕还在门口。"

翟璜出去一看，任座当真还在门口。翟璜就以君主的命令叫他进去。任座进来后，文侯忙走下台阶去迎接。从此以后，文侯终生都对任座十分尊重。

▲张咏荐书

宋真宗年间，张咏在成都做官，听说寇准做了宰相，就对属下说："寇准是个奇才，可惜学问差点。"张咏和寇准是多年的好朋友，对他十分了解，听说他当了宰相，当然很高兴，但身为宰相所作所为关系到国家的兴衰，所以很想找个机会劝寇准多读些书。

过了不久，恰好寇准到陕西来办事，张咏也刚从成都卸任来到这里。老朋友见面，非常高兴，寇准赶快命人准备酒宴招待张咏，两人谈得十分投机，不知不觉天色已晚，于是张咏起身告辞，寇准送了一程又一程，直到郊外。将分手时，寇准问张咏："你有什么要指教我的吗？"张咏对此早有考虑，但是今日的寇准已经不是过去的寇准，要怎样才能既让寇准明白要多读书的道理，而又不伤这个一人之下、万人之上的宰相的尊严呢？他想了想，慢慢地说："《霍光传》不能不读。"当时寇准不明白张咏这话是什么意思。

回去以后，拿出《汉书·霍光传》仔细读了起来，当他读到"光不学无术"，恍然大悟，笑着自语道："这是张咏要和我说的话，霍光在汉朝当过大司马、大将军，地位相当于宋朝的宰相，他由于不认真读书，不明事理，酿成一些弊病，导致家族的最终败灭。"寇准明白了张咏的真实用意，对好友非常感激。

故做不知

【心理战术】

明知故问就是揣着明白装糊涂，就是心里明白故意装傻的一种心理战术。

在辩说中不把自己的意见直接说出，而是提出一个问题，让对方去思考，得出结论，以实现己方的意图。这种辩说方式的长处，一是比较委婉；二是能触及对方的心灵，引起对方深思，使其省察。

【经典案例】

▲晏婴问景公

有一个人不小心得罪了齐景公。齐景公大发脾气，把那个人绑到殿下，命令左右的人把他大卸八块，以解心头之恨。见景公正在气头上，大臣们都不敢出面劝谏。这时，晏子站出来，只见他左手扯着那个人的头发，右手霍霍磨刀，仰着头问道："古代的圣帝明君肢解罪人的刑罚，不知是从哪朝哪代开始的？"齐景公马上离开座席说："把那个人放了，罪过在寡人这里。"

▲春居谏齐宣王

齐宣王修建大宫室，修了3年还没有修成，规模很大，光是堂上的门就设置了300扇，臣子们没有人敢劝阻齐宣王。

春居向宣王说："楚王抛弃了先王的礼乐，音乐因此变得轻浮了，请问楚国能说是贤明的君主吗？"宣王说："不能。"春居说："所谓的贤臣数以千计，都没有人敢劝谏，请问楚国能说有贤臣吗？"宣王说："不能。"春居说："如今您大兴土木，宫室之大超过100亩，堂上设置300扇门。像齐国这样的大国，修建了3年仍没能建成，可是臣子们没有敢劝阻的，请问齐国能说有贤臣吗？"宣王说："不能。"春居说："我请您允许我离开吧！"说完就快步走了出去。宣王说："春子！春子！回来！为什么这么晚才劝阻我呢？"

齐宣王赶紧召来记事的官员说："写上！我不贤，喜欢修建大宫室，是春子劝阻了我。"宣王终于接受了春子的劝谏。

▲王珪谏太宗

王珪身为侍中，很善于用大道理纠正人主的过失。唐太宗李世民跟王珪谈话，有一美女侍立在身旁。李世民指着美人对王珪说："这是庐江王李瑗的妾，李瑗杀了她的丈夫后娶了她。"王珪听了，离开席位对太宗说："陛下认为庐江王这样做对还是不对？"李世民说道："杀人而后抢了人家的妻子，是非已经十分明显，卿何必还要问呢？"

王珪回答道："今天，庐江王因为谋反被杀，可是，这个美人却为陛下占有，我以为圣上肯定认为李瑗做得对。"

李世民对王珪敢于指出自己的错误非常高兴，立刻把美人送还她的家族。

先纵后擒

【心理战术】

"欲擒故纵"是一种典型的心理战术。当论敌锐气尚盛时，故意避开他的锋芒，甚至向他故意露出破绽，用以骄纵对手，诱其深入，乘其丧失警惕，再给予沉重打击。

【经典案例】

▲一段相声

甲（摆出准备教训人的神态）：在你面前有道德和金钱，只能两者择一，你选择什么？"乙（故意地）："我选择金钱"。甲（得意地）："要是我呀，要道德，不要金钱。"乙："是的，谁缺什么就选择什么，你要的正是你缺乏的。"

乙的"选择金钱"，是故意露出破绽，诱甲进攻，甲却在无意之中让自己落入了乙设置的"缺少道德"的圈套。

▲检察长上钩

惠斯勒是美国著名画家。他的画风格独特，不落俗套。一次，他的一幅名叫《黑色和金色夜曲》的画在英国伦敦展销，定价200吉尼（英国旧时金币）。保守的英国人接受不了惠斯勒的构图，评论家约翰·拉斯金说：

"……我们不应该准许近乎有意欺诈，缺乏修养而又夜郎自大的艺术家的作品入选。以前我看见过，也听说过许多伦敦人的厚颜无耻，却从来没有想到会有一个花花公子随便向纸上涂一点颜色而讨价200吉尼。"这位著名评论家还毫不客气地点出了惠斯勒的名字。

惠斯勒一怒之下，控告拉斯金犯了诽谤罪，要求法庭惩办。然而在审问中，法庭的大多数人，包括检察长都认为惠斯勒的画不名一文，百般替拉斯金辩护。

在释画方面，检察长及拉斯金都无法与惠斯勒匹敌，因此，检察长想以《黑色和金色夜曲》创作时间短为理由，证明它没有什么价值。他问惠斯勒："你完成这幅大作花了多少时间？"惠斯勒故意停了一会，然后漫不经心地说："我记得，大约一天……第二天还没干，就又补上了几笔。"检察长自以为得计，迫不及待地说出了自己无知与可笑的观点："两天！要200吉尼吗？"惠斯勒早就料到检察长会这样问。于是斩钉截铁地说："不，我要的是终生学识价。"

检察长这才意识到上了圈套，只好无可奈何地判拉斯金向惠斯勒道歉。

旁敲侧击

【心理战术】

有些事在某些情况下不能明说，但又不得不说，只好从侧面以委婉曲折的方式来表达，以避免发生正面冲突，这种心理战术就叫旁敲侧击术。

【经典案例】

▲苏代使燕

子之做了燕国的相，位尊而性喜独断专行。苏代为齐国出使燕国，看到子之位尊势重，便想拉拢他。苏代见到燕王后，燕王问他："齐王这位君王怎样？"苏代回答说："肯定不能称霸。"燕王问："为什么？"苏代说："以前齐桓公称霸，内政的事交给鲍叔，外交的事交给管仲，桓公自己披散头发与妇女到市上游乐。现在的齐王却不信任他的大臣，又怎能称霸呢？"于是燕王就更加信任子之了。子之听说这事后，派人给苏代送去百镒黄金，表示愿听从他的吩咐。

▲优旃谈笑止漆城

秦二世的时候，优旃还在宫里。这个秦二世，可能嫌王宫排场不大，突然想要把城墙都涂上漆。

这可是件劳民伤财的事，可谁都不敢劝阻。优旃去见二世，说："漆城，是个好主意。您虽然没有发下话来，但我原本就想请求干这件事的。尽管漆城要花掉老百姓不少钱，可它确是件大好事。漆城以后，表面平平滑滑，有敌人来攻城，爬不上来；就是有人想靠在城墙上，因为涂了漆，谁也不敢挨近它了。"二世一听，笑着说："算了，不漆了！"

▲张廷范谏禁松薪

唐昭宗时，各地纷纷割据，制定了许多"土政策"。

岐王李茂贞为了筹措军费，决定实行油类专卖，包括点灯的油，都要统一到政府有关部门购买，不许私下交易。老百姓没钱，又要照明，就找代用品，其中最容易找的，就是松树枝，有松脂的松枝叫"松树明子"，是很好的照明物。

一看老百姓点松枝，不去买灯油，政府无利可图了，李茂贞又颁布一条法令：禁止砍伐松木。

有个艺人张廷范对岐王说："不砍松树，老百姓仍然可以不去买灯油，看来您的禁令不彻底呀！"岐王问："依你的意思，还要禁什么呢？"艺人回答说："应该禁止月亮再亮。"

岐王听了，对下边的人说："把砍松木的禁令取消了吧！"

▲申渐高笑语减税

五代十国有个吴国，中书令徐知诰发动政变而成为南唐的开国皇帝，依然建都金陵（今南京）。由于国库空虚，便征收名目繁多的重税。结果许多商人破产，经济萧条。朝廷的官员对此都有看法。

这时，赶上京都地区大旱，徐知诰在北苑设宴时，心事重重地对大臣们说："四处都下雨，唯独京城不下雨，这是怎么回事？"

这真不好回答。谈气象，谁也不懂；说天意，弄不好会得罪皇上。大臣们你看看我，我看看你，谁都不吭声。

这时，做过乐工卖过药的申渐高站起来说："雨不进城，是怕抽税呀！"徐知诰听了，大笑不已，第二天便下令，取消一些税目，降低了一些收税标准。

▲水之骨

王安石作过《字说》，对于其中牵强附会的一些内容，人们并不完全赞同，苏东坡就是一个。

有一次，王安石问他："你的号叫'东坡'，知道'坡'是什么意思吗？"

苏东坡说："想听听你的高见。"

王安石解释说："坡，就是'土之皮'呀！"

苏东坡想：难道把字拆开就可以解释吗？于是，反唇相讥说："照你这意思，'滑'字，不就成'水之骨'了吗？"

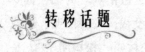 转移话题

【心理战术】

在辩说中发现自己的处境不利，巧妙地转移对方的注意力，岔开自己不便回答的问题，是一种重要的心理战术。

转移话题既要不露形迹，又要能掩护自己摆脱困境。

【经典案例】

▲昭奚恤误敌之谋

秦国打算讨伐楚国，就以观看楚国宝器为借口，派使者去楚国探听虚实。楚王听说后，召见昭奚恤商量拿什么宝器给他们看。昭奚恤回答楚王说："他们看宝物是假，探听我国内情是真。问题的关键不在有无宝物而在有没有贤臣。"楚王认为昭奚恤说得对，就让他去应付秦国的使者。

昭奚恤挑选了300名精兵，守住西门口，又在东、西、北面修筑了一些土坛。等秦国使者到达后，昭奚恤让令尹子西、太宗子敖、叶公子高、司马子反分别坐在坛上，请使者坐在东坛上，自己则坐在西坛上对使者说："客人想观看楚国的宝器，我们的宝器就是贤臣。治理百姓，丰衣足食，人民安居乐业，由令尹子西负责；出使诸侯国家，建立友好关系，由太宗子

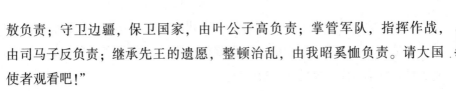

敖负责；守卫边疆，保卫国家，由叶公子高负责；掌管军队，指挥作战，由司马子反负责；继承先王的遗愿，整顿治乱，由我昭奚恤负责。请大国使者观看吧！"

秦国使者目瞪口呆，无言对答，只好急急忙忙告别昭奚恤，回国复命去了。秦王听说楚国有许多贤臣，于是放弃了进攻楚国的想法。

▲巧言应对

汉章帝时，第五伦做司空。由于他为人正直，奉公尽职，深得人们爱戴。但也有些人因为他性情直爽而对他不满。一次，有人问他："你有没有私心？"

这句话看似平常，可是却暗藏机关，不管第五伦回答说有私心还是没有私心，都会授人以柄。

想到这一层，第五伦随口答道："过去，有一个人送给我千里马，被我拒绝了。此后，每当朝廷让我们三公选荐人才的时候，我心里总是想到这个人。不过，我始终没有举荐他。我哥哥的儿子病了，我一天去探望 10 次，回到家就躺下睡着了。我儿子有病的时候，我虽然不去看顾他，可是，却一夜睡不着觉。这样看来，怎么能说没有私心呢。"

第五伦的回答是十分巧妙的，既说明了自己和常人一样有私心，又告诉别人，他在处理公事时，并不为私心所左右。这样，问话的人自然无空子可钻。

▲吴熊光谏嘉庆帝

有一次，嘉庆帝去盛京（今辽宁省沈阳市）祭拜祖陵，回京时驻跸夷齐庙，召见大臣吴熊光及戴均元、董诰等人，谈论一路上的观感。嘉庆帝说："有人说通往盛京的道路崎岖不平，沿途没有什么好的景致值得观赏。可是这次巡幸不仅路途平坦，而且沿路风景绝佳，真是人言不可尽信呀！"不等其他人开口，吴熊光抢先回答说："皇上这次巡幸，主要是为了目睹太祖、太宗当年创业的遗迹，不忘当年创业的艰难，为子孙后代树立恪守祖制的榜样，只是顺路注意一下沿途的风景罢了！"

过了一会儿，嘉庆帝对吴熊光说："朕曾经在南巡时去过苏州，那里的风景真是天下无双。"吴熊光回答说："皇上在苏州看到的花坛，不过是用采来的花布置好，专供您一人观赏的。苏州城外的虎丘可以称为名胜，实际上只是一座大坟墓。城中的街道都临河而设，河道狭窄，舟船集结，每到午后就臭不可闻，哪里有风景可言？"

嘉庆帝有些不快，问道："如果真像你所说的那样，父皇（指乾隆皇帝）为什么6次驾临苏州呢？"吴熊光叩头说："臣从前陪同皇上谒见太上皇，记得太上皇说过这样的话：'朕治理天下60年，没有大的过失，只有6次南巡，是劳民伤财、害多于益的事情。将来皇帝（指嘉庆帝）如果提出南巡，你作为朕之特选大臣，不作谏阻，那就是辜负了朕的期望。'先皇的悔悟之言，犹在耳边，希望皇上牢记在心，谨慎从事。"

吴熊光的话说得太直率，简直就是在教训皇帝，在场的大臣都替他捏了一把汗。然而，嘉庆帝并没有在意，他虽然对吴熊光的话没有公开表示褒贬，但是在他执政期间却很少像他父亲那样兴师动众地组织南巡。

吴熊光面谏嘉庆帝之所以没有受到斥责，除了他具有元老重臣的特殊身份之外，回答得巧妙、得体也是一个重要的原因。在回答皇帝问话的时候，他灵活地运用了转移话题的方法。皇帝说的是巡幸中的风景，他马上转移到对祖宗创业艰难的回顾；皇帝对南巡津津乐道，他却转移到太上皇悔悟南巡的话题上。话语中既包含着对皇帝的规劝，也反映出吴对朝廷的忠诚，使嘉庆帝乐于接受。

▲机智的反问

一次，英国一家电视台采访梁晓声，现场拍摄电视采访节目，采访记者是个老练机智的英国人。采访进行了一段时间后，记者让摄像机停了下来，走到梁晓声跟前说："下一个问题，希望您做到毫不迟疑地用最简短的一两个字，如'是'或'否'来回答。"梁晓声点头认可。遮镜板"啪"的一声响，记者的录音话筒立刻就伸到梁晓声嘴边，问："没有'文化大革命'，可能就不会产生你们这一代青年作家，那么'文化大革命'在你看来究竟是好是坏？"梁晓声略微一怔，未料到对方竟会提出这样的问题。他灵机一动，立即反问："没有第二次世界大战，就没有以反映第二次世界大战而著名的作家，那您认为第二次世界大战是好是坏？"回答如此巧妙，英国记者不由一怔，摄像机立即停止拍摄。

▲基辛格巧答记者问

1972 年 5 月，美苏举行最高级会谈。27 日凌晨 1 点，美国国家安全事务特别助理基辛格在莫斯科的一家旅馆里，向随行的美国记者团介绍美苏关于签署限制战略武器的四个协定的会谈情况。基辛格微笑着透露道："苏联生产导弹的速度每年大约 250 枚。先生们，如果在这里把我当间谍抓起来，我真不知道该怪谁啊。"

无孔不入的美国记者敏捷地接过话头，探问美国的军事秘密："我们的情况呢？我们有多少潜艇导弹和'民兵'导弹在配置分导式多弹头？"基辛格耸耸肩："我不确切知道正在配置分导式多弹头的'民兵'导弹有多少。至于潜艇，我的苦处是，数目我是知道的，但我不知道是不是保密的。"记者说："不是保密的。"基辛格反问道："既然不是保密的，那你说是多少呢？"记者没有想到自己会碰上这样一个软钉子，顿时傻了，只得"嘿嘿"一笑了之。基辛格轻易地脱身了。

 虚与委蛇

【心理战术】

此计出自《庄子·应帝王》："吾与之虚而委蛇。"指没有任何心机，只顺应事物的变化。后转义为对人对事假意相待，敷衍应付。在辩说中由于某种需要常采用此种心理战术。

【经典案例】

▲晏婴故作不解

晏婴奉命出使吴国。吴王对行人（古代掌管朝觐聘问的官员）说："我听说晏婴这个人有辩才，而且辞令娴熟，合于礼节。这次晏婴来见，就说天子召见他，用这个试探试探，看他有何反应？"

第二天，晏婴去见吴王。行人对他说："天子召见。"晏婴感慨再三，说道："臣晏婴奉齐君之命出使吴国，见的是吴王。不料，事情令人迷惑不解，怎么一变而为见天子呢？（吴是诸侯，自称天子是不妥的）现在吴王在哪？"行人见事情不妙，便急忙改口说："吴王夫差请见。"于是晏婴便以诸

侯之礼与吴王相见。

▲司马懿取帅印

诸葛亮二出祁山，吴国也做出了伐魏姿态。魏的陈仓、散关相继失守，而魏大都督曹真正在患病，因此魏明帝十分忧虑，便与司马懿计议。司马懿说："现在吴蜀结盟，并不是真正和好，只不过是互相利用而已。现在，蜀侵魏，吴虽然虚张声势作出响应的样子，但必定不会兴兵相助，只需提防蜀兵就行了。"

魏明帝认为他说得很有道理，便拜司马懿为大都督，并且命令近臣到曹真家去取帅印，司马懿却要求自己到曹真家去取。司马懿到了曹真家以后，对曹真说："蜀军又出祁山了，公知道不？"曹真十分惊讶，忙说不知道，并问："情况这么危急，为什么不拜仲达（司马懿字）为都督去抵御蜀兵呢？"

司马懿连忙说："懿学识浅薄，不称其职，这怎么办呢？"曹真听了，立即把都督印取出来交给司马懿，司马懿坚辞不受，曹真站起来说："仲达如果不接受帅印，中原就危急了。我只好抱病上朝，向陛下保荐你为都督。"听了曹真的这些话，司马懿才说："天子已经下了恩诏，但懿却不敢受。"

曹真一听，立即转忧为喜，说："我无忧了。"便让司马懿把帅印快些拿去，司马懿推辞再三，终于受了帅印。为什么司马懿取印时要这样虚与委蛇呢？原来，魏文帝死后，朝里的元老重臣仅曹真、司马懿二人。曹真为宗室贵族，一直掌握兵权，司马懿虽然才略过人，但始终不能接近魏国的权力中枢。这次，曹真患病，不能率兵出征，魏明帝出于无奈，任命他为大都督。司马懿深知，这只不过是为曹真代庖，战事结束后，兵权仍然要还给曹真。所以司马懿在取印的时候，几次推辞不受，既表示谦恭，讨得了曹真的欢心，又向曹真示意自己无意揽夺兵权。